四季健康
蔬果汁

车金佳 ◎ 主编

江西科学技术出版社

图书在版编目（CIP）数据

四季健康蔬果汁 / 车金佳主编. -- 南昌：江西科学技术出版社，2017.10
ISBN 978-7-5390-5664-7

Ⅰ.①四… Ⅱ.①车… Ⅲ.①蔬菜－饮料－制作②果汁饮料－制作 Ⅳ.①TS275.5

中国版本图书馆CIP数据核字(2017)第217875号

选题序号：ZK2017258
图书代码：D17058-101
责任编辑：张旭　王凯勋

四季健康蔬果汁
SIJI JIANKANG SHUGUOZHI

车金佳　主编

摄影摄像	深圳市金版文化发展股份有限公司	
选题策划	深圳市金版文化发展股份有限公司	
封面设计	深圳市金版文化发展股份有限公司	
出　　版	江西科学技术出版社	
社　　址	南昌市蓼洲街2号附1号	
	邮编：330009　电话：（0791）86623491　86639342（传真）	
发　　行	全国新华书店	
印　　刷	深圳市雅佳图印刷有限公司	
尺　　寸	173mm×243mm　　1/16	
字　　数	120千字	
印　　张	14	
版　　次	2017年10月第1版　2017年10月第1次印刷	
书　　号	ISBN 978-7-5390-5664-7	
定　　价	39.80元	

赣版权登字：-03-2017-308

目录
contents

Part 1

了解这些，
让你的蔬果汁更美味

Part 2

春季养生蔬果汁

Part 3

夏季养生蔬果汁

Part 4

秋季养生蔬果汁

Part 5

冬季养生蔬果汁

Part 6
女人美容护肤蔬果汁

Part 7
常见疾病调理蔬果汁

● Part 1 ●

了解这些，
让你的蔬果汁更美味

　　蔬果汁清爽美味，营养价值高，使得它广受人们喜爱。在越来越讲究生活质量的当今，自制蔬果汁已经成为一种时尚潮流。想要学会自制蔬果汁，当然要学习一些基本知识。本章将为大家介绍一些基本常识，一起来开启学习之旅吧！

一杯蔬果汁含有的营养素和净化力

蔬果中的各种营养元素共同作用，为我们的健康筑成一道坚强的堡垒。下面来了解一下蔬果中常见的几种营养元素，这样我们就更应该懂得用什么材料来制作蔬果汁，并取得我们想要的功效。

◉ 蔬果汁含有哪些营养素

膳食纤维

膳食纤维是肠道的"清洁工"，可以改善便秘的状况。

维生素

维生素被誉为身体的"润滑油"，可以促进糖类、蛋白质、脂肪的代谢。

钾

钾可让多余的钠排出体外，确保正常的细胞内部环境，还有降血压的功效。

植物生化素

天然蔬果丰富的色彩来自其富含的植物生化素，属于天然的食物色素。

糖

水果中的果糖被称为"健康糖"，可被身体吸收，转化为身体所需的能量。

蛋白质

蛋白质是维持生命活动必需的营养素,它是脏器、肌肉、皮肤等的制造原料。

● 蔬果汁的净化力

　　摄入蔬果的种类越多、色彩越丰富，其营养价值越高。如果一杯蔬果汁包含2~4种不同的蔬果，每天2杯就能满足人体的日常需要。此外，还可以根据具体的健康诉求，如调理失眠、清热、消火等，选择具有特定养生功效的蔬果进行搭配。

　　酶是提升身体净化力的关键物质基础，它与呼吸、代谢、食物的消化吸收、血液循环等生命活动关系密切。我们所说的酶包括人体自身合成的酶与食物中的酶。新鲜蔬果中不仅富含酶，还含有各种维生素及矿物质等"辅酶"，它们是能帮助相应的酶顺利运作的"好帮手"。

　　多饮水是提升身体净化力的最佳方法之一。蔬果汁的优势就在于，它将所有的营养素充分溶解于水中，使其更加容易被消化吸收，从而有效提升身体净化力。

蔬果最优营养榜单

虽然大部分蔬果对我们身体的好处大同小异，但有些蔬果的某一种效果特别显著。比如具有强抗氧化力的水果能帮助我们延缓衰老、美容养颜。

◉ 含酶最多的蔬果

猕猴桃富含蛋白质分解酶、猕猴桃酶，绿色果肉的猕猴桃酶含量更多。

菠萝富含膳食纤维，以及蛋白质分解酶——菠萝蛋白酶。

香蕉富含分解淀粉的淀粉酶。熟透的香蕉富含消化酶。

白萝卜富含分解淀粉的淀粉酶。

哈密瓜富含蛋白质分解酶，以及能改善水肿的钾。

桃主要成分是蔗糖，也富含果胶，有润肠的功用。

◉ 营养最均衡的蔬果

苹果富含维生素、矿物质、膳食纤维。

胡萝卜富含独特的 β–胡萝卜素，营养价值很高。

油菜富含钙质和维生素 C，能够预防感冒和骨质疏松。

● 抗氧化的百搭蔬果

蔬果抗氧化排名		
蔬果图	品名	抗氧化指数
	紫玉米	10800
	蓝莓	9621
	李子	6100
	草莓	4302
	樱桃	3747
	紫甘蓝	2426

这样才能让蔬果汁更美味

蔬菜水果的种类繁多，口感也各不相同，但只要掌握了一定的诀窍，马上就能知道哪些蔬果搭配更美味、更营养！

● 学会"补水"和"增甜"

对于含水度和甜度不够的食材，需要为它们选择合适的"搭档"，以增加成品的润滑度和甜度。

有些食材本身质地比较干燥，比如芹菜、香蕉、苹果、草莓等，选择这类食材制作蔬果汁时，要同时加入一些能够增加水分的食材，如橙子、葡萄，或者豆浆、酸奶等。有些食材甜味不够，如蔬菜，想要补充甜味，就需要加入香蕉、杧果等甜度较高的水果或蜂蜜。

● 同色系食材更搭配

将蔬菜与水果搭配时，如果你对口感没有十分的把握，那么选择同色系的食材，口感一定不会差。

根据蔬果的颜色，可以将各种蔬果大致分为绿色系、黄橙色系、红色系、白色系、紫黑色系5个种类。同色系的蔬菜与水果在口感上更加和谐，搭配在一起更能突出彼此的美味。比如，绿色系的芹菜搭配青苹果，味道比搭配红苹果好，更能突出二者的清香。黄色系的黄甜椒搭配橙子，味道比搭配草莓好，而红色系的番茄与草莓则很搭。

◉ 增加"香气"

如果选择的食材都没有什么"亮点"，但出于营养功效考虑不想换成别的食材，那么不妨为它们增加一些香味。

增加清香：使用柠檬或者青柠，可以带来温和的香气与清凉感，让蔬果汁口感更有层次。薄荷可以带来沁凉风味，适合与桃子、哈密瓜、柑橘类水果等搭配。

增加辛香：蔬果汁中不妨加入一些具有香辛味的调料，比如肉桂粉、黑胡椒粉等，更添风味。

增加醇香：对于味道寡淡的蔬菜，如胡萝卜，可以加入些坚果一起榨汁，以增加香气和咀嚼感。

此外，还可以加一些香气浓郁的水果，如牛油果、香蕉等。

鲜榨蔬果汁所需工具

要制作出营养美味的蔬果汁，所需工具必不可少。"工欲善其事，必先利其器"，学会运用和维护工具，才能事半功倍。

● 果汁机

香蕉、桃子、木瓜、杧果、香瓜等含有细纤维的蔬果，最适合用果汁机来制果汁，因为会留下细小的纤维或果渣，和果汁混合会呈现浓稠状，使果汁不但美味，而且具有很好的口感。含纤维较多的蔬菜及水果，也可以先用果汁机搅碎，再用筛子过滤。

使用方法

①将蔬菜、水果处理干净，放进果汁机中，材料要少于容量的1/2。可适当加水，搅拌均匀。

②搅拌时间一次不可持续2分钟以上。如果果汁的搅拌时间较长，需先停止2分钟，再进行操作。

③冰块不可单独搅拌，一定要与其他材料一起搅拌，以免损坏果汁机。

④材料投放的顺序应为：先放切成块的固体材料，再加液体材料。

● 榨汁机

榨汁机是一种可以将水果、蔬菜快速榨成果蔬汁的机器，小型的可家用，功能有榨汁、搅拌、切割、研磨、碎肉、碎冰等。榨汁机的配置包括主机、一字刀、十字刀、高杯、低杯、组合豆浆杯、盖子、口杯4个、彩色环套4个等。

使用方法

①将蔬菜、水果处理干净，切适当大小，放进榨汁机中，材料要少于容量的1/2。

②加适量纯净水，盖上杯盖，接通电源后，等待蔬果榨成汁。

③使用榨汁机时，一次使用的时间最好不要连续2分钟以上。

④蔬果汁榨好之后，首先一定要断开电源，然后再用正确的方法旋转机身，取下榨汁机再进行下一步操作。

● 水果刀

水果刀多用于切水果、蔬菜等食物。家里的水果刀最好是专用的，不要用来切肉类或其他食物，也不要用菜刀或其他刀来切水果和蔬菜，以免细菌交叉感染，危害健康。每次用完水果刀后，应用清水清洗干净、晾干，然后放入刀套，注意千万不能用强碱、强酸类化学溶剂清洗水果刀。

● 削皮刀

削皮刀一般用于水果和蔬菜的去皮工序。用削皮刀削皮，操作简单，比水果刀更方便、更安全。每次用完削皮刀后应立即清洗干净，并及时晾干，以免生锈。

● 砧板

砧板有多种材质，包括木质、塑料等。塑料砧板较适合切蔬果类。此外，切蔬果和肉类的砧板最好分开使用，这样不仅可以防止食物细菌交叉感染，还可以防止蔬果沾染上肉类的味道，影响蔬果汁的口味。塑料砧板每次用完后要用海绵蘸漂白剂清洗干净并晾干，记住不要用太热的水清洗，以免砧板变形。

● 搅拌棒

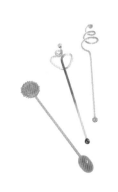

搅拌棒是让果汁中的汁液和溶质能均匀混合的好帮手，果汁制作完成之后倒入杯中，用搅拌棒搅拌均匀即可。搅拌棒使用完后应立刻用清水洗净、晾干，避免用开水冲洗，以免搅拌棒变形，甚至产生有毒物质。

鲜榨蔬果汁的方法

　　制作蔬果汁的方法很简单，记住下面这几步，享用美味蔬果汁就会变得很简单，自己动手，食材再多也不会手忙脚乱!

将要榨汁的原料清洗干净，去皮后切成适当的小块。

1

有些蔬果需要焯水煮熟后才能食用，如土豆、豆角、豌豆等。

 **2**

将榨汁的原料依次放入榨汁机中。

3

可根据自己的口味加一些蜂蜜、盐或白糖。

4

5

将榨汁机连接电源，按下开关，开始榨汁。

40秒后断开电源，将榨好的蔬果汁倒入杯中即可饮用。

6

常见蔬菜和水果的重量，不用称重就知道

事先清楚制作果汁经常要使用的食材的重量、大小的话，就可以简单地制作好喝的果汁。但是重量根据季节、种类、新鲜度不同会不一样。

● 常见蔬菜大小的重量

菠菜1棵=30克	苦瓜1根=200克
卷心菜1片=50克	土豆1个=120克
油菜1棵=40克	红辣椒1个=120克
芹菜1根=60克	荷兰芹1根=5克
胡萝卜1根=200克	水芹1根=5克
西红柿1个=150克	红薯1个=260克

● 常见水果大小的重量

苹果1个=200克	西柚1个=250克
梨1个=250克	杧果1个=500克
桃子1个=250克	干洋李1个=10克
橘子1个=180克	金橘1个=10克
草莓1个=15克	无花果1个=50克
香蕉1根=100克	柠檬1个=90克
酸橙1个=120克	猕猴桃1个=120克
牛油果1个=150克	

新鲜蔬果的选购与清洗

　　选择优质蔬果，能使自制的蔬果汁美味又健康。新鲜、成熟、多汁、无污染是选购蔬果的首要标准。此外，蔬果的正确清洗也很重要，主要是洗掉灰尘、农药残留，让我们喝得更加安心。

温馨提示

　　有些菜农为了维护蔬菜的卖相和防止病虫害，会喷洒农药或添加化学肥料来使蔬菜长得更好。农药会残留在蔬菜叶面或表皮，因此，如何挑选蔬菜、清洗蔬菜显得尤其重要。

● 蔬菜选购三大要点

观外形

　　多数蔬菜具有新鲜完整的外形，如有蔫萎、干枯、损伤、变色、病变、虫害侵蚀，则为异常形态。还有的蔬菜由于人工使用了激素类物质，会长得畸形。

看颜色

　　各种蔬菜都具有本品种固有的颜色、光泽，以显示蔬菜的成熟度及鲜嫩程度。新鲜蔬菜不是颜色越鲜艳越好，要符合蔬菜固有的颜色。

闻气味

　　多数蔬菜具有清香、甘辛香、甜酸香等气味，而不应有腐败味和其他异味，因此选购时可以先闻闻味道。

● 蔬菜清洗的四大方法

食盐清洗法

一般蔬菜先用清水至少冲洗 3 ~ 6 遍，然后放入淡盐水中浸泡 1 小时，再用清水冲洗 1 遍。对包心类蔬菜，可先切开，放入清水中浸泡 2 小时，再用清水冲洗，以清除残留农药。

开水浸泡法

在做青椒、花菜、豆角、芹菜等时，下锅前最好先用开水烫一下，可清除 90% 的残留农药。

碱水清洗法

先在水中放上一小撮碱粉或碳酸钠，搅匀后再放入蔬菜，浸泡 5 ~ 6 分钟，再用清水漂洗干净。也可用小苏打代替，但要适当延长浸泡时间到 15 分钟左右。

淘米水清洗法

淘米水属酸性，有机磷农药遇酸性物质就会失去毒性。在淘米水中浸泡 10 分钟左右，再用清水洗干净，就能使蔬菜残留的农药成分减少。

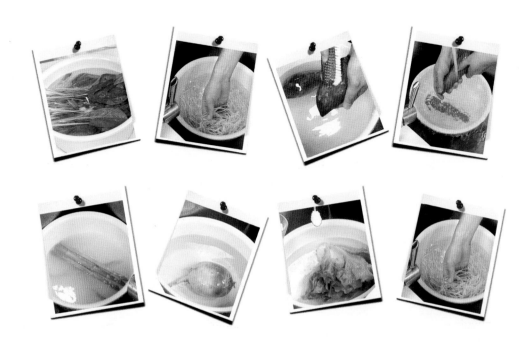

温馨提示

　　有一些果农为了增加水果产量或防止病虫害，大量施肥和喷洒农药，因此常见的水果安全问题以农药、戴奥辛等有害物质残留居多。如何安全选购水果和清洗水果呢？专家来告诉你！

● 挑选水果的方法

　　选购水果的基本原则应以当季水果为佳。为避免农药残留，选购水果时应注意以下方法。

　　首先，要看水果的外形、颜色。尽管经过催熟的果实呈现出成熟的性状，但是作假只能对一方面有影响，果实的皮或其他方面还是会有不成熟的感觉。比如自然成熟的西瓜，由于光照充足，所以瓜皮花色深亮、条纹清晰、瓜蒂老结；催熟的西瓜瓜皮颜色鲜嫩、条纹浅淡、瓜蒂发青。人们一般比较喜欢"秀色可餐"的水果，而实际上，其貌不扬的水果倒是更让人放心。

　　其次，通过闻水果的气味来辨别。自然成熟的水果，大多在表皮上能闻到一种果香味；催熟的水果不仅没有果香味，甚至还有异味。催熟的果子散发不出香味，催得过熟的果子往往能闻得出发酵气息，注水的西瓜能闻得出自来水的漂白粉味。

　　再有，催熟的水果有个明显特征，就是分量重。同一品种大小相同的水果，催熟的、注水的水果同自然成熟的水果相比要重很多，容易识别。

● 清洗水果的方法

用盐水清洗

将水果浸泡于加盐的清水中约 10 分钟(清水：盐 = 500 克：2 克)，再以大量的清水冲洗干净。

用海绵菜瓜布搓洗

若是连皮品尝水果，如阳桃、番石榴，则务必以海绵菜瓜布将表皮搓洗干净。

用冷开水冲洗

由于水果是生食，因此最后一次冲洗必须使用冷开水。

削皮

清洗水果农药残留的最佳方式是削皮，如柳橙、苹果等均可削皮。

开启蔬果汁健康生活的8个要点

一旦开始每天饮用蔬果汁，你慢慢就会发现身体发生着令人惊奇的改变。那么，下面这8点务必记牢哦！

◉ 选择当地、当季盛产的蔬果作为原料

刚开始饮用自制蔬果汁时，会很烦恼用什么样的食材最好。选择食材的总原则是新鲜，其次是挑选自己喜欢的食材。建议从最基本的柑橘类水果、香蕉、胡萝卜等食材入手，逐渐调配出适合自己的最优搭配。此外，建议选择当地、当季的盛产蔬果，这样能够保证新鲜，最有益于健康。

◉ 早上是喝蔬果汁的最佳时间

蔬果汁有益健康，是因为其富含多种促进身体新陈代谢的酶以及有助于延缓衰老的抗氧化物质。每天早上起床后，先喝一杯温开水促进血液循环，接着喝一杯富含酶的新鲜蔬果汁，可以改善代谢功能，逐渐培养出自然变瘦的体质，而且不会遇到因为节食减肥而出现的便秘、皮肤粗糙、情绪焦虑等不适症状，让你一整天都充满活力。

◉ 保持轻松，才能持之以恒

当你决定每天坚持饮用蔬果汁时，千万不要有任何压力。偶尔晚起或者没时间弄，不要紧，第二天继续就可以了。一旦有压力，很可能因为一两次没有坚持就彻底放弃了这个计划，从而无法享受新鲜蔬果汁带来的健康体验。没时间制作蔬果汁的时候，直接食用新鲜的蔬果，也能起到类似的效果。

Tips：

蔬果汁虽然美味又营养，但是喝蔬果汁前应该注意哪些问题，如何喝蔬果汁更营养？此外，是不是所有人都适合喝蔬果汁，这些都是饮用蔬果汁前应该了解的知识。以下将为大家详细介绍一些关于蔬果汁的注意事项。

◉ 不宜用蔬果汁送服药物

不宜用蔬果汁送服药物，因为蔬果汁中的果酸容易导致各种药物提前分解和溶化，不利于药物在小肠内吸收，影响药效。

◉ 蔬果汁榨好后一定要马上饮用

鲜榨蔬果汁最讲究鲜度，因为此时蔬果中的营养素大部分已经溶出，它们会在数分钟内失去作用，尤其容易流失的是酶和维生素 C。此外，久置的蔬果汁会出现分层现象，口感也大打折扣，因此榨好的蔬果汁一定要马上饮用。另外，如果一时喝不完，可以放入冰箱冷冻室急冻，制成果汁冰块或者沙冰。加入柠檬汁可在一定程度上延缓其氧化变色的过程。

◉ 蔬果汁不宜放置太长时间

蔬果汁现榨现喝才能发挥最大效用。新鲜蔬果汁含有丰富的维生素，若放置时间长了，会因光线及温度破坏其中的维生素，使得营养价值降低。打果汁不要超过 30 秒，果汁 15 分钟内要喝完。

● 不宜大口饮用蔬果汁

炎热的夏季，当一杯蔬果汁放在面前时，很多人选择大口快饮，其实这种做法是不对的。正确的做法应该是，要细细品味美味的蔬果汁，一口一口慢慢喝，这样蔬果汁才容易完全被人体吸收，起到补益身体的作用。若大口痛饮，那么蔬果汁中的很多糖分就会很快进入血液，使血糖迅速上升。

● 哪些人不宜喝蔬果汁

肾病患者不宜喝蔬果汁：因为蔬菜中含有大量的钾离子，而肾病患者因无法排出体内多余的钾，如果喝蔬果汁就有可能造成高血钾症，所以肾病患者不宜喝蔬果汁。

糖尿病患者不宜喝蔬果汁：由于糖尿病患者需要长期控制血糖，所以在喝蔬果汁前必须计算其碳水化合物的含量，并将其纳入日常饮食计划中，否则对身体不利。

溃疡患者不宜喝蔬果汁：蔬果汁属寒凉食物，溃疡患者若在夏天饮用太多蔬果汁，会使消化道的血液循环不良，不利于溃疡的愈合。尤其饮用含糖较多的蔬果汁，会增加胃酸的分泌，使胃溃疡更加严重，且容易发生胀闷现象，引起打嗝。

急慢性胃肠炎患者不宜喝蔬果汁：急慢性胃肠炎患者不宜进食生冷的食物，最好不要饮用蔬果汁。

增添蔬果汁风味的调味品

蔬果汁常用的辅料有蜂蜜、柠檬汁、白糖、牛奶等，甚至像花生、腰果、杏仁、核桃等干果，切成细小的碎末加入榨好的蔬果汁中，不仅味道芳香浓郁，营养也会加倍，让蔬果汁变得更富情趣。

◉ 牛奶

牛奶含有优质的蛋白质和容易被人体消化吸收的脂肪、维生素 A、维生素 D，因此被人们称为"完全营养食品"。牛奶包括人体生长发育所需的全部氨基酸，消化率达 98%，为其他食品所不及。牛奶可以和蔬果一起榨汁，如牛奶和苹果就可以榨成苹果牛奶汁，营养丰富，并可养颜润肌。

◉ 柠檬汁

柠檬汁的味道清新，富含维生素 C，能美白肌肤、开胃消食。在榨取一些苦味或涩味较重的蔬果汁时，加入少许柠檬汁，能很好地缓解味道。此外，也可直接将鲜柠檬作为原料，与蔬果一同放入榨汁机中榨汁。

◉ 细砂糖

细砂糖是经过提取和加工以后形成的结晶颗粒较小的糖。适当食用细砂糖有利于提高机体对钙的吸收，但不宜吃过多，尤其糖尿病患者要注意不吃或少吃。吃完细砂糖后应及时漱口或刷牙，以防蛀牙。将细砂糖加入蔬果汁中，或者将细砂糖和蔬果一起榨汁，可以使酸涩的蔬果汁变得酸甜可口。

◉ 果酱

果酱是由水果、糖以及酸度调节剂混合制造而成的，经过 100℃左右的温度熬制，直至变成凝胶状。如果在蔬果汁里稍微加点制好的果酱，不仅色彩诱人，而且十分美味鲜甜。

● 葡萄干

葡萄干是由葡萄晒干、加工而成的食品，含有丰富的铁和钙，一直被视为滋补佳品。葡萄干能辅助治疗与贫血、血小板减少有关的疾病。葡萄干的味道鲜甜，不仅可以直接食用，还可以加入榨好的蔬果汁中，帮助调节蔬果汁的口感。

● 腰果

腰果是世界四大干果之一。其肉松软多汁，营养丰富，闻着有麝香味，尝起来较甜美。腰果可以当水果吃，或经过炸、盐渍处理，制成小点心食用，还可以作为果仁糖、蜜饯的原料。选购腰果时，以月牙形、色泽白、饱满、气味香、无虫蛀、无斑点的为佳。将腰果碾碎后加入榨好的蔬果汁中，可使蔬果汁的营养更多样化。

牛奶

柠檬汁

腰果

细砂糖

果酱

葡萄干

Part 2

春季养生蔬果汁

　　春季是一个相当美好的季节，整个大地充满勃勃生机，许多蔬菜与水果纷纷复苏，桑葚、樱桃等新鲜美丽的蔬果正是这个季节的代表物。在美丽的季节，享用美味可口的蔬果汁，心情也会跟着"漂亮"起来呢！

枇杷

枇杷又称芦橘、金丸，因形似琵琶而得名。它身穿淡黄色外衣，表皮上有一层细细的茸毛，底部有一个小小的脐眼。

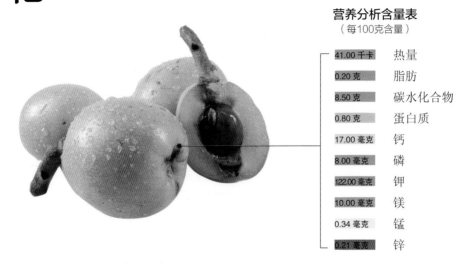

营养分析含量表
（每100克含量）

41.00 千卡	热量
0.20 克	脂肪
8.50 克	碳水化合物
0.80 克	蛋白质
17.00 毫克	钙
8.00 毫克	磷
122.00 毫克	钾
10.00 毫克	镁
0.34 毫克	锰
0.21 毫克	锌

营养价值

枇杷含纤维素、碳水化合物、B族维生素、维生素C、维生素E、果胶、胡萝卜素、苹果酸、柠檬酸、钾、磷、铁、钙等，能够治疗咳嗽，还能防癌抗癌。

食材搭配

果		柠檬	
梨子		菠萝	
苹果		酸奶	

选购妙招

1.观外形：枇杷茸毛完整、果粉保存完好的，就说明它在运输过程中没受什么损伤，比较新鲜。

2.看颜色：颜色越深，说明其成熟度越好，口感也更甜，风味浓郁；而色彩淡黄、发青、果肉硬、果皮不容易剥开的，都是不成熟或非正常成熟的枇杷。

＼ 枇杷清洗 ／

在清水中加少许盐，搅拌均匀后放入枇杷，轻轻地搓洗枇杷，然后以流水将枇杷表皮冲洗干净。

帮助排毒，缓解咳嗽

枇杷百香果汁

◎ **营养素** 膳食纤维、维生素 A

 +

材料

枇杷 150 克　　　菠萝 100 克

百香果 30 克　　　纯净水适量

做法

1. 枇杷去皮、核，取果肉切成小块；
百香果切开，挖出果肉及果汁；菠萝
去皮，切成小块。

2. 将枇杷、菠萝、百香果肉及果汁倒
入榨汁机，倒入纯净水，榨成汁即可。

营养小百科

　　枇杷有抗过敏的作用，
尤其能缓解由于干燥导致的
咳嗽、口干舌燥等不适；百
香果是一种具有浓郁芳香味
道的水果，有"果汁之王"
的美誉，其含有的膳食纤维
能够深入肠胃，将有害物质
彻底排出，并可改善肠道内
的菌群构成。

保护视力，美白肌肤

枇杷柠檬汁

◉ **营养素** 维生素C、胡萝卜素、果胶

材料

枇杷 120 克　　蜂蜜适量

柠檬 30 克　　纯净水适量

做法

1. 枇杷洗净，去除果皮与籽，切小块。

2. 柠檬洗净，切成小块，去掉籽。

3. 将枇杷、柠檬倒进榨汁机中，加入适量的蜂蜜与纯净水。盖上榨汁机盖，榨取果汁即可。

营养小百科

　　枇杷含丰富的B族维生素、胡萝卜素，具有保护视力、保持皮肤健康润泽的作用；柠檬中维生素含量极高，是美容的天然佳品，能防止和消除皮肤色素沉着，具有美白作用。

小贴士

　　柠檬皮含有丰富的维生素C，可带皮榨汁。如果不喜欢微苦口感的，也可去皮榨汁。柠檬有镇咳去痰及消除肠胃不适的疗效。

桑葚

桑葚又叫桑实、桑果，色泽紫红，质地油润，甜酸可口。用来酿酒、做果酱或制成清凉饮料时，清爽可口，别具风味。

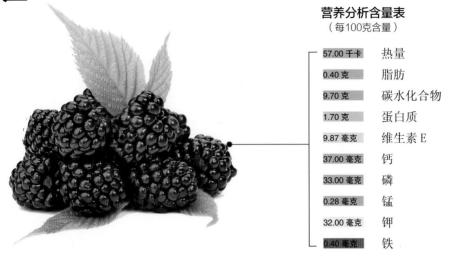

营养分析含量表
（每100克含量）

57.00 千卡	热量
0.40 克	脂肪
9.70 克	碳水化合物
1.70 克	蛋白质
9.87 毫克	维生素 E
37.00 毫克	钙
33.00 毫克	磷
0.28 毫克	锰
32.00 毫克	钾
0.40 毫克	铁

🫑 营养价值

桑葚主要含碳水化合物、矿物质、维生素、膳食纤维及少量脂肪酸，其中的脂肪酸主要由亚油酸、硬脂酸及油酸组成，具有降低血脂，防止血管硬化等作用。

🛒 选购妙招

1.观外形： 个头比较大，没有出水，比较坚挺、糖分足者是比较好的桑葚。

2.看颜色： 选择颜色紫黑色的为佳，颗粒饱满。

👨‍🍳 食材搭配

柠檬		橙子	
菠萝		葡萄	
木瓜		酸奶	

＼ 桑葚存储 ╱

桑葚在常温下容易变质，为了保持其美味与营养，不要清洗桑葚，保持表面干爽，用敞口的容器盛放，放进冰箱冷藏。

保护视力，降低血糖

桑葚葡萄汁

◎ **营养素** 维生素C、葡萄糖、胡萝卜素

🏺 材料

葡萄 75 克　　　胡萝卜 50 克

桑葚 40 克　　　芝麻菜 20 克

茄子 40 克

🥤 做法

1. 葡萄以清水冲洗干净，对切，去掉籽；胡萝卜洗净。

2. 桑葚以盐水浸泡后，再以清水冲洗干净。

3. 茄子去蒂头，以清水冲洗干净，切成小片，焯水后捞出。

4. 芝麻菜去掉根部，以清水洗净。

5. 将所有食材放入榨汁机中，选择"榨汁"功能，榨取果汁即可。

🥤 营养小百科

　　桑葚不仅能够维护正常视力，还可预防坏血病、动脉硬化、冠心病；葡萄富含葡萄糖，容易被人体吸收，能缓解低血糖症状。

降低血脂，防癌抗癌

桑葚橙汁

◎ 营养素 蛋白质、维生素 A、维生素 C

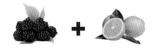

材料

桑葚 150 克　　　　胡萝卜 50 克

橙子 80 克

做法

1. 将桑葚蒂头去掉，以盐水浸泡一会儿，再用流水冲洗干净，沥干水分备用。

2. 橙子去掉果皮，洗净后切成小块。

3. 胡萝卜去皮，清洗干净，切成小块。

4. 将上述食材放入榨汁机中，榨取果汁即可。

营养小百科

　　桑葚含有不饱和脂肪酸，具有降低血脂、防止血管硬化等作用；橙子富含维生素C和胡萝卜素，不仅能软化和保护血管，促进血液循环，降低胆固醇和血脂，还能起到防癌抗癌的作用。

小贴士

　　以盐水浸泡桑葚，可以起到杀菌的作用。能够去除桑葚表层的细菌，食用更加安心。

樱桃

樱桃又称莺桃、含桃，果实虽小如珍珠，但色泽红艳光洁，玲珑如玛瑙宝石一样，味道甘甜而微酸，备受人们喜爱。

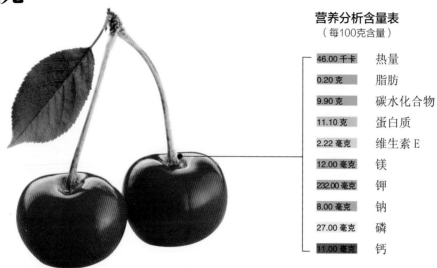

营养分析含量表
（每100克含量）

46.00 千卡	热量
0.20 克	脂肪
9.90 克	碳水化合物
11.10 克	蛋白质
2.22 毫克	维生素 E
12.00 毫克	镁
232.00 毫克	钾
8.00 毫克	钠
27.00 毫克	磷
11.00 毫克	钙

营养价值

樱桃含铁、维生素 A 原、维生素 P，以及钾、钙、磷、铁等矿物质与多种生物素，其含铁量居各种水果之首。它是低热量、高纤维的高营养价值水果，具有止痛消炎、缓解关节炎症状的作用。

选购妙招

1.看颜色： 樱桃外观颜色是深红色或者暗红色的，口感会比较甜。
2.看表皮： 樱桃表皮硬一点，并且光洁，没有虫卵为佳。
3.观果蒂： 颜色为绿色代表新鲜的，如果发黑，则代表果实不新鲜了，不宜选购。

食材搭配

草莓		苹果	
西瓜		西红柿	
梨子		黄瓜	

樱桃存储

樱桃怕热，所以最好存放在冰箱里，保持鲜嫩的口感。储存时应该带着果梗保存，建议不要用塑料袋或塑料盒来装樱桃，因为透气性不好，最好用保鲜盒来盛放。

强化体质，美容养颜

樱桃黄瓜汁

 营养素 铁、蛋白质、维生素 C

材料

樱桃 90 克

去皮黄瓜 110 克

营养小百科

　　樱桃富含铁，经常食用，能促进血红蛋白再生，既可防治缺铁性贫血，又可增强体质；黄瓜主要含有膳食纤维、矿物质、维生素、乙醇、丙醇等成分，有排毒瘦身、美容养颜的作用。

做法

1. 去皮的黄瓜对半切开，切小段。

2. 洗净的樱桃对半切开，去核。

3. 备好榨汁机，放入去核的樱桃、切好的黄瓜。

4. 注入少许清水至刚好没过食材。

5. 盖上盖，榨约 20 秒成樱桃黄瓜汁即可。

止痛，缓解疲劳

樱桃梨子汁

扫一扫看视频

⦿ 营养素 蛋白质、维生素 C、胡萝卜素

🥣 材料

樱桃 120 克 　　　　去皮冬瓜 100 克

梨子 50 克 　　　　盐适量

🫙 做法

1. 以盐水将樱桃浸泡一段时间后，去除核备用。

2. 将去皮冬瓜切成块状，梨子去皮切成块状，备用。

3. 将樱桃、冬瓜块、梨子块一起倒入榨汁机中，选择"榨汁"功能，搅拌成液体状态，即可装杯。

🥤 营养小百科

　　樱桃营养丰富，可以治疗烧烫伤，不仅有止痛作用，还能防止伤处起泡化脓；梨中含有丰富的B族维生素，能保护心脏，减轻疲劳，增强心肌活力，降低血压。

小贴士

　　樱桃里面有一种白色的小虫，用盐水可将它们泡出来，食用更安全。

番石榴

番石榴又叫芭乐，原产热带美洲，今在云南元江有栽培。因其来自国外，故名为番石榴，是亚热带名优水果品种之一。

营养分析含量表
（每100克含量）

53.00 千卡	热量
0.40 克	脂肪
8.30 克	碳水化合物
1.10 克	蛋白质
13.00 毫克	钙
16.00 毫克	磷
10.00 毫克	镁
0.20 毫克	铁
235.00 毫克	钾
3.30 毫克	钠

🍲 营养价值

番石榴含蛋白质、膳食纤维、脂肪、糖类、维生素A、B族维生素、维生素C、钙、磷、铁、胡萝卜素、脂肪、氨基酸等，能降低人体胆固醇成分和血糖。

🛒 选购妙招

1.观外形： 选择长相比较规整的，不要买东倒西歪的。

2.看颜色： 要选那种颜色比较浅的，黄绿或白绿色为好。

3.摸软硬： 硬一点的口感比较脆，软的比较甜，但口感没那么好。最好的番石榴外脆里软。

🍴 食材搭配

苹果		木瓜	
香蕉		橘子	
西瓜		胡萝卜	

＼番石榴存储／

将番石榴放在阴凉通风的地方，不要受到阳光的直射，同时不要受潮。也可以用保鲜膜将番石榴裹紧保存。室温下能够保存1周左右。

滋润肌肤，防癌抗癌

番石榴西芹汁

● 营养素 磷、胡萝卜素、铁

 **材料**

番石榴 150 克

西芹 100 克

纯净水 200 毫升

🥤 **营养小百科**

　　在一定程度上，番石榴可以防止身体细胞遭受破坏而导致癌病变，避免了动脉粥状硬化的发生，以及增强免疫力；西芹含铁量较高，不仅能补充妇女经血的损失，而且可以避免皮肤苍白、干燥、面色无华。

做法

1. 番石榴洗净，去头尾，切块状。

2. 西芹洗净，切成小段，以烫水浸泡一会儿，捞起备用。

3. 将上述食材倒入榨汁机中，加入纯净水，榨取果汁即可。

振奋精神，美容养颜

番石榴橘子汁

 营养素 蛋白质、维生素C、柠檬酸

材料

番石榴 100 克　　　柳橙 30 克

橘子 80 克　　　　白糖 少许

做法

1. 番石榴洗净，去掉头尾，切成小块。

2. 橘子剥掉果皮，将橘子瓣分开备用。

3. 柳橙去除果皮，撕成瓣备用。

4. 将上述食材装进榨汁机中，加入少许白糖，即可榨汁。

 营养小百科

　　番石榴营养丰富，能够补血，提升精神，保护脾胃；橘子富含维生素C与柠檬酸，不仅具有美容养颜作用，还能消除疲劳。

清理肠道，延缓衰老

番石榴火龙果汁

扫一扫看视频

◎ 营养素 糖类、氨基酸、花青素

🏺 材料

番石榴 100 克　　　柠檬汁 30 毫升

火龙果 130 克　　　纯净水适量

🥤 营养小百科

　　番石榴含纤维丰富，能有效地清理肠道，对糖尿病患者有独特的功效；火龙果中花青素含量较高，具有抗氧化、抗自由基、抗衰老的作用，还具有抑制脑细胞变性，预防痴呆症的作用。

📋 做法

1. 洗净的番石榴去头尾，切块；火龙果去皮，切块，待用。

2. 榨汁机中倒入火龙果块、番石榴块、柠檬汁，注入 100 毫升纯净水。

3. 盖上盖，榨约 25 秒成果汁。

4. 静止榨汁机，将榨好的果汁倒入杯中即可。

菠菜

菠菜别名赤根菜、鹦鹉菜、波斯菜，能让叶酸、钙、铁等迅速生成，从而使血清增加，让人获得信心和快乐，可谓色香味俱全且营养丰富。

营养分析含量表
（每100克含量）

28.00 千卡	热量
0.30 克	脂肪
2.80 克	碳水化合物
2.60 克	蛋白质
32.00 毫克	维生素 C
1.74 毫克	维生素 E
66.00 毫克	钙
47.00 毫克	磷
85.20 毫克	钠
311.00 毫克	钾

营养价值

菠菜含维生素、铁、钾、胡萝卜素、膳食纤维、叶酸、草酸等主要营养成分，不仅能维护正常视力和上皮细胞的健康，还能增强预防传染病的能力，促进儿童生长发育。

选购妙招

1.看菠菜的叶片： 选择叶片充分伸展、肥厚、颜色深绿且有光泽的。

2.看菠菜的茎部是否有弯折的痕迹： 如果有多处的弯折或者叶片开裂，说明放置时间过长，不宜选择。

食材搭配

苹果		橙子	
火龙果		葡萄	
猕猴桃		黄瓜	

╲ 菠菜切法 ╱

1.将菠菜放在砧板上，摆放整齐。

2.把根部切除。将菠菜切成5~6厘米的长段。

帮助消化，美白肌肤

菠菜猕猴桃汁

◉ 营养素 植物粗纤维、维生素C

🥤 材料

橘子 300 克　　　菠菜 100 克

猕猴桃 120 克　　纯净水 80 毫升

📋 做法

1. 橘子剥掉外皮，掰成瓣。

2. 猕猴桃去皮，切成小块。

3. 菠菜去掉根部，洗净，切成段，以热水煮一会后捞出。

4. 将橘子瓣、猕猴桃块、菠菜段装进榨汁机中，加入纯净水，榨取果汁。

🥤 营养小百科

　　菠菜含有大量的植物粗纤维，具有促进肠道蠕动的作用，利于排便，且能促进胰腺分泌，帮助消化；猕猴桃富含维生素C，可强化免疫系统，美白皮肤。

帮助发育，排出毒素

菠菜青苹果汁

◉ 营养素 钾、维生素 A、苹果酸

材料

菠菜 100 克　　　纯净水适量

青苹果 150 克

做法

1. 菠菜洗净，切段，焯水后备用。

2. 青苹果洗净，切成小块备用。

3. 将菠菜段、青苹果块一起放入榨汁机中，加入适量纯净水，榨成汁后倒入杯中即可。

营养小百科

　　菠菜中所含的胡萝卜素，在人体内会转变成维生素A，能维护视力正常和上皮细胞的健康，提高机体预防传染病的能力，促进儿童的生长发育；苹果中含有较多的钾，能与人体内过剩的钠盐结合，使之排出体外。

小贴士

　　这道果汁里面含有苹果，不宜久存，榨完汁后应立即享用。

芹菜

芹菜属伞形科植物，它的果实细小，具有与植株相似的香味，是常用蔬菜之一，又名香芹、药芹、水芹、旱芹。

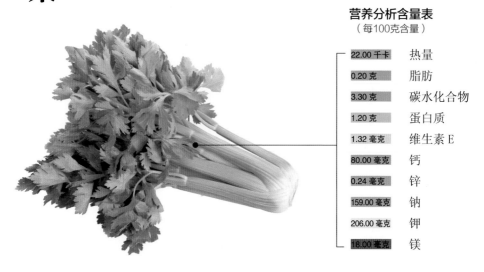

营养分析含量表
（每100克含量）

22.00 千卡	热量
0.20 克	脂肪
3.30 克	碳水化合物
1.20 克	蛋白质
1.32 毫克	维生素 E
80.00 毫克	钙
0.24 毫克	锌
159.00 毫克	钠
206.00 毫克	钾
18.00 毫克	镁

🍽 营养价值

芹菜主要含维生素、膳食纤维、铁等营养成分，它含铁量较高，是对缺铁性贫血患者有益的蔬菜。此外，芹菜还是高血压病及其并发症患者的首选食物，对于血管硬化、神经衰弱患者亦有辅助治疗作用。

🛒 选购妙招

1.看根部：新鲜的芹菜根部呈翠绿色，色泽饱满，如果根部出现少量黄色斑点，说明储存时间较长。

2.看芹菜叶：新鲜芹菜的叶子也应该是翠绿的，如果发现叶子泛黄色、蔫了、不平整，说明放置时间过长。

3.闻味道： 芹菜有其独特的清香气味，如果味道较淡，建议大家不要购买。

🍳 食材搭配

猕猴桃		西红柿	
酸奶		黄瓜	
葡萄柚		阳桃	

╲ 芹菜清洗 ╱

芹菜不宜直接用清水清洗，因为上面一般附有化肥、农药残留，清水难以洗净，合理的方法是在食盐水或者白醋水中浸泡，再加以清洗。

降低血压，减少血糖

芹菜葡萄柚汁

◉ 营养素 铬、芹菜素、蛋白质

🏺 **材料**

芹菜 30 克　　　　青柠汁少许

葡萄柚 200 克

🥤 **营养小百科**

　　芹菜所含芹菜素能够帮助血压下降；葡萄柚果肉中含有作用类似于胰岛素的成分——铬，具有降低血糖的作用。

📖 **做法**

1. 芹菜切除根部，洗净后用热水烫一会儿，捞起备用。

2. 葡萄柚去除果皮，切成小块备用。

3. 将青柠洗净，用刀对切。以手捏一半青柠，并将捏出的青柠汁用小碗装好。

4. 将芹菜、葡萄柚块放入榨汁机中，倒入青柠汁，选择"榨汁"功能。搅拌成液体状态，即可倒入杯中享用。

延缓衰老，防癌抗癌

芹菜葡萄汁

营养素 甘露醇、维生素 C

营养小百科

　　芹菜是高纤维食物，它经肠内消化作用产生一种抗氧化剂——木质素，对肠内细菌产生致癌物质有抑制作用；富含花青素，可清除体内的自由基，抗衰老。

材料

芹菜段 30 克　　　　柠檬 20 克
红葡萄 120 克

扫一扫看视频

做法

1. 将芹菜段以热水浸泡一会儿，备用。

2. 红葡萄用清水洗净，留皮对半切开，去除籽备用。

3. 将芹菜段、红葡萄放入榨汁机中，并以手挤柠檬，加入柠檬汁。

4. 盖上榨汁机盖，选择"榨汁"功能，搅拌成液体状态，即可装杯饮用。

帮助消化，亮泽头发

芹菜阳桃蔬果汁

◎ **营养素** 铁、胡萝卜素、苹果酸

🥣 材料

芹菜 30 克

阳桃 50 克

青提 100 克

芦笋 30 克

🥤 做法

1. 芹菜、芦笋洗净，切小段；阳桃洗净，切小块；青提洗净后对切，去籽。

2. 将所有食材倒入榨汁机内，榨出汁后倒入杯中即可

🥤 营养小百科

芹菜含铁等多种营养元素，具有提神、亮泽头发等功效；阳桃富含草酸、柠檬酸、苹果酸等，能提高胃液的酸度，促进食物的消化。

油菜

油菜别名上海青、矮箕菜、小棠菜、青江菜，颜色深绿，帮如白菜。它是十字花科植物油菜的嫩茎叶，南北广为栽培。

营养分析含量表
（每100克含量）

25.00 千卡	热量
0.50 克	脂肪
2.70 克	碳水化合物
1.80 克	蛋白质
0.88 毫克	维生素 E
108.00 毫克	钙
0.33 毫克	锌
39.00 毫克	磷
55.80 毫克	钠
210.00 毫克	钾

营养价值

油菜主要含钙、磷、铁、B 族维生素、维生素 C、维生素 B$_3$ 等营养成分，对抵御皮肤过度角质化大有裨益，可促进血液循环、散血消肿。

选购妙招

1.看叶子： 选择叶子较短的，食用的口感较好。

2.看颜色： 油菜的叶子有深绿色和浅绿色，浅绿色的质量和口感要好一些。油菜的梗同样也有青和白之分，白梗的味道较淡，青梗味道更浓一些。

3.看外表： 选择外表油亮，没有虫眼和黄叶的较为新鲜。

食材搭配

苹果		柳橙	
葡萄柚		米醋	
哈密瓜			

油菜切法

1.取洗净的油菜，将根部切除。

2.在根部切十字刀，约1厘米深。

止血，降低血脂

油菜苹果汁

营养素 膳食纤维、柠檬酸、苹果酸

材料

油菜 30 克　　　　柠檬 10 克

苹果 90 克　　　　纯净水 90 毫升

做法

1. 油菜洗净，只留下叶子，切成段。

2. 苹果去皮洗净，切小块。

3. 柠檬洗净，切成薄片。

4. 将苹果块装进榨汁机中，倒入纯净水，搅拌成液体状态后，中途放入油菜段，再次搅拌成液体状后，装入杯中。

5. 将柠檬汁加入杯中，轻轻搅匀即可。

营养小百科

　　油菜含有膳食纤维，能与胆酸盐和食物中的胆固醇、三酰甘油结合，并从粪便中排出，从而减少人体对脂类的吸收；柠檬中的柠檬酸有收缩、增固毛细血管的作用，可缩短凝血时间和出血时间，具有止血功效。

防癌抗癌

油菜柳橙汁

⦿ 营养素 维生素 C、钙、铁

 +

🎍 材料

油菜 50 克　　　柠檬汁 少许

柳橙 120 克

🥤 做法

1. 将油菜洗净，切段备用。

2. 柳橙去皮，切小块备用。

3. 将油菜段、柳橙块放进榨汁机中，加入柠檬汁。选择"榨汁"功能，搅拌成液体状态后，即可倒入杯中享用。

🥤 营养小百科

　　油菜中所含的植物激素，能够增加酶的形成，可在一定程度上消除人体内的致癌物质，故有防癌功能；橙子发出的气味有利于缓解人们的心理压力，有助于女性克服紧张情绪。

小贴士

　　可以先将油菜焯水，以去除菜腥味。

● Part 03 ●

夏季养生蔬果汁

　　这是一个蔬果齐齐绽放的季节，多种多样的蔬果任您挑选。炎炎夏日，酷暑难耐，饮上一杯清爽蔬果汁，整个身心也跟着放松清凉起来。解暑消渴，一杯营养美味蔬果汁即可搞定！

草莓

草莓又叫洋莓、红莓，草莓的外观呈心形，鲜美红嫩，果肉多汁，酸甜可口，香味浓郁，是水果中难得的色、香、味俱佳者，所以被人们誉为"果中皇后"。

营养分析含量表
（每100克含量）

含量	营养成分
32.00 千卡	热量
0.20 克	脂肪
6.00 克	碳水化合物
1.00 克	蛋白质
1.10 克	纤维素
47.00 毫克	维生素 C
18.00 毫克	钙
1.80 毫克	铁
27.00 毫克	磷
131.00 毫克	钾

营养价值

草莓果肉中含有大量的碳水化合物、有机酸、维生素、矿物质、果胶等营养物质，能够促进胃肠蠕动，改善便秘，预防痔疮、肠癌的发生。

食材搭配

柳橙		荔枝	
香蕉		豆浆	
葡萄柚			

选购妙招

1.看外形： 草莓体积大而且形状奇异的，不宜选购，有可能是用激素催生出来的产品。

2.看颜色： 草莓颜色均匀，色泽红亮。非正常草莓颜色不均匀，色泽度很差。

3.看表面的籽粒： 正常的草莓表面的芝麻粒应该是金黄色。很多草莓往往在病斑部分有灰色或白色霉菌丝，发现这种病果切不要食用。

草莓清洗

可将草莓置于淘米水中清洗，再以流水冲洗干净即可。洗草莓时，千万注意不要把草莓蒂择掉，去蒂的草莓若放在水中浸泡，会使农药残留物等扩散。

预防贫血，促进发育

草莓葡萄柚汁

◯ **营养素** 维生素 C、果胶、天然叶酸

材料

草莓 50 克

葡萄柚 70 克

柠檬 20 克

做法

1. 草莓洗净，去蒂头，对半切。

2. 葡萄柚去皮，切成小块。

3. 柠檬洗净，切成小片。

4. 将所有食材装进榨汁机中，盖上榨汁机盖子，榨取果汁即可。

营养小百科

草莓富含维生素C，可预防坏血病、动脉硬化、冠心病；葡萄柚中所含的天然叶酸，对于怀孕中的妇女，有预防贫血症发生和促进胎儿发育的功效。

保护视力，帮助消化

草莓酸奶汁

○ 营养素 维生素 A、碳水化合物

📷 材料

草莓 45 克　　　　蜂蜜适量

原味酸奶 50 毫升

做法

1. 草莓去除蒂头，洗净，对切。

2. 将草莓装进榨汁机中，倒入酸奶、蜂蜜。盖上榨汁机盖，搅拌成液体状态即可。

🥤 营养小百科

　　草莓所含的胡萝卜素是合成维生素A的重要物质，具有维护正常视力作用；酸牛奶不但具有新鲜牛奶的营养成分，而且还能使蛋白质结成细微的乳块，更容易被人体消化吸收。

小贴士

　　夏季饮用前可先放入冰箱冷藏片刻，口感更佳。

荔枝

荔枝是亚热带水果，原产我国南部，古人把荔枝誉为"果之牡丹""百果之王"，荔枝为果中绝品，离枝即可食用，越是新鲜味道越好。

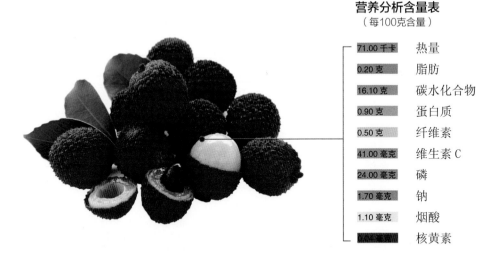

营养分析含量表
（每100克含量）

71.00 千卡	热量
0.20 克	脂肪
16.10 克	碳水化合物
0.90 克	蛋白质
0.50 克	纤维素
41.00 毫克	维生素 C
24.00 毫克	磷
1.70 毫克	钠
1.10 毫克	烟酸
	核黄素

🎩 营养价值

荔枝含有葡萄糖、果糖、蔗糖、苹果酸及蛋白质、脂肪、维生素A、B族维生素、维生素C、磷、铁及柠檬酸等，具有补充能量，增加营养，降低血糖等功效。

🛒 选购妙招

1.观外形：真正新鲜的荔枝从外表看，颜色不是很鲜艳，而是暗红稍带绿，没异味。

2.闻气味：新鲜的荔枝都有一种清香的味道，如果有酸味或是别的味道，说明已经不是新鲜的了。

3.摸软硬：握在手里的荔枝，应该是硬实而富有弹性的。剥开果皮，里面的膜应该是白色的。

🍴 食材搭配

柠檬		苹果	
西瓜		杧果	
番石榴			

╲ 荔枝存储 ╱

在常温下，可以用塑料袋密封后放在阴凉处，一般可以保存6天。若有条件，可将装荔枝的塑料袋浸入水中，这样，荔枝经过几天后其色、香、味仍保持不变。

消除疲劳，补充能量

荔枝西瓜汁

 **营养素** 果糖、蔗糖、钾

材料

荔枝 200 克

西瓜 500 克

做法

1. 将荔枝果皮剥掉，取果肉，拿掉内核。

2. 西瓜去表皮，切小块。

3. 把上述食材放进榨汁机中，盖上榨汁机盖，搅拌成液体状即可。

营养小百科

荔枝所含丰富的糖分，具有补充能量、缓解疲劳的功效；西瓜含有丰富的钾元素，能够迅速补充在夏季容易随汗水流失的钾，避免由此引发的肌肉无力和疲劳感，消除倦怠情绪。

滋润皮肤，保护视力

荔枝杧果汁

扫一扫看视频

◯ **营养素**　维生素 A、维生素 C

🥣 材料

荔枝 250 克　　　矿泉水适量

杧果 200 克

🫗 做法

1. 将荔枝清洗干净，去除表皮与内核，备用。

2. 杧果洗净去蒂，对半切开，用刀划成网格状，再挑出果肉，备用。

3. 将杧果和荔枝装进榨汁机中，注入适量的矿泉水。

4. 盖上榨汁机盖，插上电源，选择"榨汁"功能，启动开关键，搅打 60 秒。

5. 断电，揭盖，倒入杯中，即可享用。

🥤 营养小百科

　　荔枝含有丰富的维生素，可促进微细血管的血液循环，防止雀斑的生成，令皮肤更加光滑细腻；杧果含有丰富的维生素A、维生素C，有益于视力健康、延缓细胞衰老、预防老年痴呆的功效。

小贴士

　　可以用滤网过滤出果肉残渣，这样口感更佳。

猕猴桃

猕猴桃果肉质地柔软，味道有时被描述为草莓、香蕉、凤梨三者味道的结合。因为果皮覆毛，貌似猕猴而得名。

营养分析含量表
（每100克含量）

61.00 千卡	热量
0.60 克	脂肪
11.90 克	碳水化合物
0.80 克	蛋白质
2.60 克	纤维素
62.00 毫克	维生素 C
2.43 毫克	维生素 E
144.00 毫克	钾
26.00 毫克	磷
10.00 毫克	钠

🍴 营养价值

猕猴桃号称"水果之王"，其所含维生素C和维生素E能美丽肌肤、抗氧化、有效增白、消除雀斑和暗疮，增强皮肤的抗衰老能力。

🛒 选购妙招

1.观外形： 一般大小均匀，体型饱满的猕猴桃会更甜一些。

2.看颜色： 果皮呈黄褐色，有光泽的，同时果皮上的毛不容易脱落为优质猕猴桃。

3.摸软硬： 如果局部或者整体比较软的话，不禁放，很容易坏掉，应选择较硬的。

🍳 食材搭配

苹果		黄瓜	
梨子		橙子	
香蕉		酸奶	

＼ 猕猴桃切法 ／

1.取洗净去皮的猕猴桃，切除两端，再对半切开。

2.取其中的一半，将猕猴桃切成均匀的厚片，再将边缘切整齐。

3.将厚片依次切成条状即可。

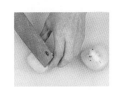

稳定情绪，美容护肤

猕猴桃蜂蜜汁

● 营养素 维生素C、维生素D、血清

材料

猕猴桃 60 克　　柠檬汁 适量

纯净水 25 毫升　　蜂蜜 适量

做法

1. 猕猴桃切掉头尾，以勺子取出果肉。

2. 把猕猴桃肉装进榨汁机中，倒入纯净水、柠檬汁、蜂蜜。盖上榨汁机盖，搅拌成液体状即可。

■ 营养小百科

猕猴桃中含有的血清具有稳定情绪、镇静心情的作用，对成人忧郁有很好的预防作用；蜂蜜含有葡萄糖、多种维生素，具有美容、增强免疫力、延缓衰老等功效。

净化排毒，防癌抗癌

猕猴桃梨子汁

营养素 维生素 C、维生素 E、胡萝卜素

材料

猕猴桃 100 克　　　柠檬 40 克

梨子 70 克　　　　纯净水 适量

做法

1. 猕猴桃去表皮，切小块。

2. 梨子去皮与果核，切小块。

3. 柠檬洗净，切薄片。

4. 将上述食材装进榨汁机中，倒入纯净水，盖上榨汁机盖，榨取果汁。

营养小百科

猕猴桃果肉和汁液，有降低胆固醇及甘油三酯的作用，亦可抑制致癌物质的产生；梨水分充足，富含多种维生素、矿物质和微量元素，能够促进血液循环和钙质的输送，维持机体的健康。

小贴士

猕猴桃的皮不宜去得太厚，以免损失过多的营养物质。

哈密瓜

哈密瓜是甜瓜的一个变种。哈密瓜有"瓜中之王"的美称。风味独特，味甘如蜜，奇香袭人，饮誉国内外。

营养分析含量表
（每100克含量）

34.00 千卡	热量
0.10 克	脂肪
7.70 克	碳水化合物
0.50 克	蛋白质
0.20 克	纤维素
19 毫克	磷
26.7 毫克	钠
190 毫克	钾
0.13 毫克	锌
	钙

营养价值

哈密瓜含有丰富的维生素、粗纤维、果胶、苹果酸及钙、磷、铁等矿物质元素，有助于抵抗可对细胞造成损害的氧自由基。

食材搭配

胡萝卜		莴苣	
苹果		牛奶	
梨子			

选购妙招

1.观外形： 哈密瓜的瓜皮如果有疤痕，一般是疤痕越老越甜，最好是疤痕已经裂开，虽然看上去比较难看，但事实上这种哈密瓜的甜度高，口感也好。

2.看颜色： 哈密瓜有亮黄色，还有深黄色。颜色深的日照的时间比较多，会比较甜。

3.闻气味： 一般有香味的瓜成熟度适中；若是没有香味或香味淡的则成熟度较差。

哈密瓜切法

1.将哈密瓜从中间切成若干份梳子状，用平刀将瓜皮切掉。

2.去除瓜瓤，依次把哈密瓜切成大小均匀的块状即可。

防晒美白，预防贫血

哈密瓜莴苣汁

（◎ **营养素**）蛋白质、膳食纤维

📖 材料

哈密瓜 50 克　　　柠檬汁 适量
莴苣 15 克

📟 做法

1.哈密瓜洗净，去除果皮与籽，切成小块。

2.莴笋洗净去皮，切成薄片。

3.将所有食材放入榨汁机中，倒入适量柠檬汁，搅拌成液体状即可。

🥤 营养小百科

哈密瓜中含有丰富的抗氧化剂，能够有效增强人体细胞抗晒的能力，减少皮肤黑色素的形成；莴笋含有多种微量元素，其铁含量高，食用莴笋，可以缓解缺铁性贫血。

促进消化，补充能量

哈密瓜牛奶汁

营养素 维生素、蛋白质

材料

哈密瓜 200 克　　　柠檬 50 克

牛奶 200 克

做法

1. 哈密瓜洗净，削皮，去籽，切丁；柠檬洗净，切片。

2. 将所有食料放入榨汁机内，搅打成汁。

营养小百科

　　哈密瓜维生素的含量非常高，有利于人的心脏和肝脏工作以及肠道系统的活动，促进内分泌和造血机能，加强消化过程；牛奶含有优质的蛋白质和容易被人体消化吸收的脂肪、维生素A和D等，能够为人体补充各种营养。

小贴士

　　如果不喜欢太浓的蔬果汁，可以多加些牛奶。

香蕉

香蕉别名金蕉，果实长而弯，味道香甜，与菠萝、龙眼、荔枝并称为"南国四大果品"。香蕉不仅价格便宜、味道甜美，而且营养丰富。

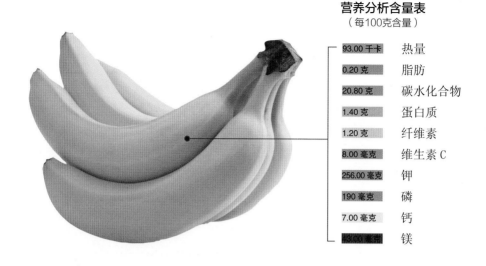

营养分析含量表
（每100克含量）

93.00 千卡	热量
0.20 克	脂肪
20.80 克	碳水化合物
1.40 克	蛋白质
1.20 克	纤维素
8.00 毫克	维生素 C
256.00 毫克	钾
190 毫克	磷
7.00 毫克	钙
43.00 毫克	镁

🍲 营养价值

香蕉主要含有碳水化合物、果胶、钙、钾、膳食纤维等营养成分。它淀粉含量很高，很容易让肠胃有饱足感，很多人用来当作减肥的主食来源。

🛒 选购妙招

1.看颜色：要选择颜色纯黄色的，时间越长，香蕉颜色越暗，而且会有黑色斑点，口感不好。

2.看蕉把颜色：新鲜的香蕉蕉把颜色略微带点青色，蕉把越黑说明采摘时间越久，不宜选购。

3.掂重量：大小适中的香蕉口感才会比较甜。

🍳 食材搭配

苹果		猕猴桃	
酸奶		黄瓜	
橙子		胡萝卜	

╲ 香蕉存储 ╱

香蕉不易保存，容易腐坏，保存时一定要选择合适的方法。先用清水冲洗几遍，用厨房纸巾擦拭干净，再用几张旧报纸将香蕉包裹起来，放到室内通风阴凉处，或直接将整串香蕉悬挂起来，同样能延长保存时间。

帮助成长，提高免疫力

香蕉菠萝汁

◉ **营养素** 维生素 A、维生素 C、
胡萝卜素

🍶 **材料**

香蕉 60 克　　　　葡萄柚 150 克
菠萝 50 克

🥤 **做法**

1. 菠萝去皮，洗净。以盐水浸泡后，
再切成小块。

2. 葡萄柚去掉果皮，切成小块；香蕉
去皮后切小块。

3. 将上述食材放入榨汁机中，盖好榨
汁机盖，榨取果汁即可。

🥤 **营养小百科**

　　香蕉富含维生素A，能
促进生长，维持正常的生殖
力和视力；菠萝的维生素C
含量很高，食用菠萝，可以
提高机体抗病能力。

帮助消化，缓解疲劳

香蕉柳橙汁

 营养素 硫胺素、蛋白质、果胶

🍶 材料

香蕉 100 克　　　　蜂蜜 适量

柳橙 80 克

📋 做法

1. 香蕉剥皮，切块 .

2. 柳橙剥掉果皮，切小块。

3. 将香蕉块、柳橙块装进榨汁机中，倒入适量蜂蜜，榨取果汁。

🥤 营养小百科

　　香蕉富含硫胺素，能抗脚气病，促进食欲，助消化，保护神经系统；橙子含有果胶等营养元素，当疲劳时食用橙子能够舒缓疲劳，并且帮助集中注意力。

西瓜

西瓜果实外皮光滑，呈绿色或黄色，果瓤多汁。它堪称"盛夏之王"，清爽解渴，味道甘味多汁，是盛夏解暑佳果。

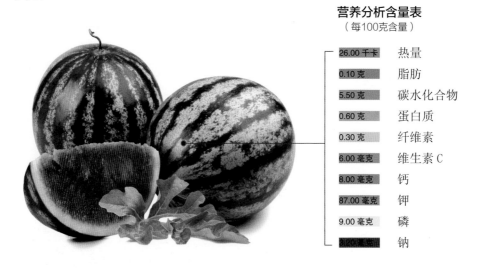

营养分析含量表
（每100克含量）

26.00 千卡	热量
0.10 克	脂肪
5.50 克	碳水化合物
0.60 克	蛋白质
0.30 克	纤维素
6.00 毫克	维生素 C
8.00 毫克	钙
87.00 毫克	钾
9.00 毫克	磷
3.20 毫克	钠

营养价值

西瓜主要含碳水化合物、维生素C、钙、铁等营养成分，具有清爽身心、祛除烦躁、美容养颜、帮助排便等功效。

选购妙招

1.看底部： 西瓜底部的圆圈越小越甜，圆圈越大越不甜。

2.看蒂部： 新鲜弯曲的是新鲜的，干瘪的表示时间很久，瓜不新鲜。

3.听敲瓜的声音： 如果敲起来是"嘭嘭"的响声，则表示瓜比较好。

食材搭配

草莓		柠檬	
葡萄柚		芦荟	
番茄			

西瓜切法

1.取半块洗净的西瓜，切取1个圆块，对半切开。

2.先片除瓜瓤，然后将瓜瓤切成粗条状，再改刀切成丁状即可。

排出毒素，改善皮肤

西瓜葡萄柚汁

◉ **营养素** 糖类、维生素P

🍵 **材料**

西瓜 80 克　　　　纯净水 30 毫升

葡萄柚 60 克　　　橄榄油 适量

红椒 30 克

📠 **做法**

1. 将西瓜对切，用勺子取出西瓜肉。

2. 葡萄柚去皮，切成小块。

3. 红椒去掉蒂头，洗净对切，去籽，再切成小块。

4. 将西瓜肉、葡萄柚块、红椒块装进榨汁机中，倒入纯净水、橄榄油。盖上榨汁机盖，选择"榨汁"功能，搅拌成液态即可。

🥤 **营养小百科**

　　西瓜所含的糖和盐，能帮助排毒；葡萄柚含有维生素P，可以强化皮肤、收缩毛孔，对于控制肌肤出油很有效果。

消渴解暑，预防高血压

西瓜紫甘蓝汁

扫一扫看视频

◎ **营养素**　维生素 C、维生素 E

 +

🏺 材料

紫甘蓝 50 克　　　西红柿 45 克

西瓜 100 克　　　矿泉水 5 毫升

🥤 做法

1. 将紫甘蓝清洗干净，切成丝备用。

2. 用勺子取出西瓜肉，备用。

3. 西红柿洗净对切，再切成小块，备用。

4. 将上述食材倒进榨汁机中，并加适量的矿泉水。

5. 盖上榨汁机盖，选择"榨汁功能"，搅拌成液体状，即可装杯。

🥤 营养小百科

　　西瓜含有大量的水分，在口渴烦躁时，吃上一块又甜又沙、水分十足的西瓜，症状会马上得到缓解；紫甘蓝所含的维生素C、维生素E和B族维生素特别丰富，对高血压、糖尿病患者有帮助。

小贴士

　　去除西瓜籽比较麻烦，在购买时可选择无籽西瓜。

菠萝

菠萝是"岭南四大名果"之一。菠萝可鲜食，香味浓郁，甜酸适口；加工制品菠萝罐头被誉为"国际性果品罐头"。

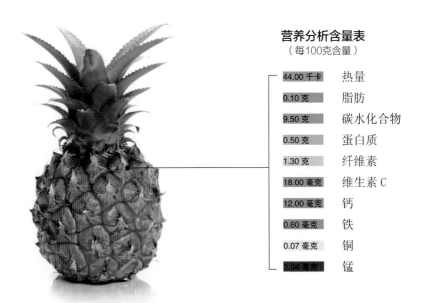

营养分析含量表
（每100克含量）

44.00 千卡	热量
0.10 克	脂肪
9.50 克	碳水化合物
0.50 克	蛋白质
1.30 克	纤维素
18.00 毫克	维生素 C
12.00 毫克	钙
0.60 毫克	铁
0.07 毫克	铜
1.04 毫克	锰

🥟 营养价值

菠萝含有丰富的维生素B，能有效地滋养肌肤，防止皮肤干裂，滋润头发的光亮，同时也可以消除身体的紧张感和增强机体的免疫力。

👨‍🍳 食材搭配

杧果		姜	
柳橙		菠菜	
酸奶			

🛒 选购妙招

1.观外形： 优质菠萝的果实呈圆柱形或两头稍尖的卵圆形，果形端正，芽眼数量少。

2.闻气味： 熟得正好的菠萝从外皮上就能闻到淡淡清香，如果还没切开就浓香扑鼻，那说明熟过了。

3.摸软硬： 轻轻按压菠萝鳞甲，微软有弹性的就是成熟度较好的；要是压出汁液，那是熟烂了，最好别买。

✂ 菠萝切法 ✂

1.取一块洗净的菠萝，从中间切成两半。

2.取其中一块菠萝，用斜刀从一端开始将菠萝切块。

3.选择合适的大小，将菠萝继续切块。

增加食欲，促进血液循环

菠萝橙汁

◉ 营养素 维生素 B、维生素 C

 +

🔖 材料

菠萝 100 克

橙子肉 70 克

纯净水适量

📋 做法

1. 将菠萝肉切小丁块，备用。

2. 将橙子肉切小块，备用。

3. 取榨汁机，选择搅拌刀座组合，倒入切好的水果。

4. 注入适量纯净水，盖好榨汁机盖。

5. 选择"榨汁"功能，榨取果汁。

6. 断电后倒出橙汁，装入杯中即成。

🥤 营养小百科

　　菠萝含有多种营养元素，能够增进血液循环，消除水肿；橙子含有维生素B₁、维生素B₂、维生素C等营养元素，能够增加食欲。

降低血压，增强免疫力

菠萝菠菜汁

（◯ 营养素）胡萝卜素、维生素 B

🍶 材料

菠萝 80 克　　　纯净水 25 毫升
菠菜 100 克

🥤 营养小百科

菠萝营养丰富，不仅可以降低血压，稀释血脂，还可以预防脂肪沉积；菠菜富含的胡萝卜素在人体内可以转化为维生素A，能够增强抗病力。

📋 做法

1. 菠萝去皮，切小块，用盐水浸泡。

2. 菠菜洗净，去掉根部，切成小段，焯水后捞出备用。

3. 将准备好的食材放进榨汁机中，加入纯净水，榨取果汁。

促进消化，帮助排便

菠萝牛奶汁

扫一扫看视频

营养素 菠萝蛋白酶、不饱和脂肪酸

  材料

牛油果 25 克　　黄椒 10 克　　牛奶 45 毫升
去皮菠萝 90 克　青柠片 8 克　　盐适量
菠菜 40 克

营养小百科

　　菠萝中含有的菠萝蛋白酶能有效分解食物中的蛋白质，从而起到促进消化和吸收的作用；牛油果所含的脂肪大部分属不饱和脂肪酸，容易被消化吸收，尤其适合年老体弱者调养身体食用。

做法

1. 将牛油果纵向切开，去掉果核，用勺子取出果肉，再切成小块备用。

2. 菠萝洗净切小块，放入加了盐的水中浸泡一会儿。

3. 菠菜去除根部，切小段后焯水，捞起备用。

4. 黄椒清洗干净，切成块状，备用。

5. 将处理好的食材放进榨汁机中，加入一片青柠片，并倒入牛奶。

6. 盖上榨汁机盖，选择"榨汁"功能，搅拌成液体状态，装杯后以柠檬片装饰即可。

滋润皮肤，降低血压

菠萝西红柿汁

◉ 营养素 糖类、钙、铁

🏺 材料

菠萝 50 克　　　柠檬 20 克

西红柿 150 克　　蜂蜜少许

🥤 做法

1. 菠萝洗净，去皮，切成小块。

2. 西红柿去蒂头洗净。

3. 柠檬洗净，切小块。

4. 将以上食料倒入榨汁机内，搅打成汁，加入蜂蜜拌匀即可。

🥤 营养小百科

　　菠萝中所含的糖、盐类和酶有利尿作用，适当食用菠萝，对高血压病患者有益；西红柿富含钙、铁、磷等营养元素，能够滋养肌肤。

小贴士

　　果汁倒入杯中后可将表面的浮沫撇去，这样口感会更好。

杧果

杧果，原产印度。果实形态有椭圆形、肾脏形及倒卵形等。成熟果之果皮有绿色、黄色，而至紫红色，果肉为黄色或橙黄色，果汁及纤维因品种而异。

营养分析含量表
（每100克含量）

35.00 千卡	热量
0.20 克	脂肪
7.00 克	碳水化合物
0.60 克	蛋白质
1.30 克	纤维素
23.00 毫克	维生素 C
1.21 毫克	维生素 E
0.09 毫克	锌
0.06 毫克	铜
138.00 毫克	钾

🍲 营养价值

杧果含蛋白质、碳水化合物、维生素 B_1、维生素C、葡萄糖、胡萝卜素、叶酸、柠檬酸、杧果苷、钙、磷、铁等，常食杧果可以持续为人体补充维生素C，降低胆固醇、甘油三酯，有利于防治心血管疾病

🛒 选购妙招

1.观外形： 一般来说，杧果的果柄一侧相对较高，看起来有点上扬的杧果，相对好吃一点。

2.看颜色： 杧果要皮黄澄而均匀，果蒂周围无黑斑。

3.摸软硬： 轻轻地用手指捏近蒂头处，坚实有肉质感、富有弹性的杧果为佳。

👨‍🍳 食材搭配

菠萝		豆浆	
木瓜		酸奶	
柳橙		哈密瓜	

✂ 杧果切法 ✂

1.取杧果从中间切一部分下来，去除杧果的硬心。

2.将杧果的一端切平整，选择合适的厚度将杧果切片。

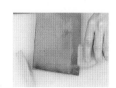

治疗咳嗽，杀菌消毒

杧果芝麻菜汁

◉ **营养素** 杧果苷、维生素 A、维生素 C

📋 材料

杧果 200 克   芝麻菜 20 克

柠檬 20 克   纯净水 80 毫升

红椒 90 克

📖 做法

1. 杧果以流水冲洗干净，去掉果皮与内核。

2. 柠檬洗净，切薄片，去籽。

3. 红椒洗净，对切，去籽，切小块。

4. 芝麻菜洗净，切段。

5. 将上述食材装进榨汁机中，倒入纯净水。盖上榨汁机盖，搅拌成液态即可。

🥤 **营养小百科**

　　杧果中所含的杧果苷有祛痰止咳的功效，对咳嗽、痰多、气喘等症有辅助治疗作用；红椒含有维生素A、维生素C，具有御寒、增强食欲、杀菌的功效。

润泽皮肤，滋补身体

杧果哈密瓜汁

● 营养素 胡萝卜素、纤维素

🍶 材料

杧果 150 克

哈密瓜 150 克

鲜奶 240 毫升

柠檬汁 适量

🥤 做法

1. 杧果洗净，取肉；哈密瓜洗净，去皮，去籽，切丁。

2. 将所有食料入搅拌机搅打成汁即可。

🥤 营养小百科

杧果的胡萝卜素含量特别高，有益于视力，能润泽皮肤；哈密瓜是夏季解暑的最好水果之一，它对人体的造血机能有显著的促进作用，对女性来说是很好的滋补水果。

保护视力，促进血液循环

杧果雪梨汁

扫一扫看视频

◯ 营养素 糖类、维生素 A

 +

🥣 材料

雪梨 110 克

杧果 120 克

纯净水适量

🫗 做法

1. 将洗净去皮的雪梨切开，去核，切成小块，备用。

2. 将杧果对半切开，去皮，切成小瓣，备用。

3. 取榨汁机，选择搅拌刀座组合。

4. 将切好的杧果肉、雪梨块倒入搅拌杯中，注入适量纯净水。

5. 盖上榨汁机盖，选择"榨汁"功能，榨取果汁。

6. 断电后倒出果汁,装入玻璃杯中即可。

🥤 营养小百科

　　杧果中的糖类及维生素含量非常丰富，尤其维生素A含量占水果之首位，具有保护视力的作用；梨子含有矿物质和多种微量元素，具有促进血液循环，维护身体健康的作用。

牛油果

牛油果也叫油梨，是一种著名的热带水果。因为外形像梨，外皮粗糙又像鳄鱼头，因此人们也常称其为鳄梨。

营养分析含量表
（每100克含量）

161.00 千卡	热量
15.30 克	脂肪
5.30 克	碳水化合物
2.00 克	蛋白质
2.10 克	纤维素
8.00 毫克	维生素 C
11.00 毫克	钙
1.00 毫克	铁
41.00 毫克	磷
599.00 毫克	钾

🍵 营养价值

牛油果含蛋白质、碳水化合物、膳食纤维、脂肪、维生素A、维生素C、胡萝卜素、硫胺素、钾、钠、镁、钙、磷等，能够降低成年人患心脏病与癌症的概率。

🛒 选购妙招

1.观外形： 要选择表面光亮且平滑的，这样的新鲜好吃些。

2.闻气味： 如果闻起来已经有果味溢出，有可能里面已经变质了。

3.摸软硬： 用手掌按捏表面，感觉有弹性，果肉结实，则证明已经成熟了。

🍳 食材搭配

草莓		猕猴桃	
杧果		黄瓜	
橙子		豆浆	

✦ 牛油果存储 ✦

将牛油果装进保鲜袋里，放在冰箱的冷藏区里，可保存1周左右。如果一次只用半个，请务必将有核的那半个保留，不要去核，洒上柠檬汁，再用保鲜膜包好，放入冰箱即可。

舒缓情绪，补充营养

牛油果豆浆汁

 **营养素** 镁、维生素 B_1

 +

 材料

牛油果 40 克 　　 蜂蜜适量

无糖豆浆 150 毫升

做法

1. 打开牛油果，去掉果皮与内核，取果肉。

2. 将牛油果肉放进榨汁机中，倒入无糖豆浆、蜂蜜。选择"榨汁"功能，搅拌成液态，即可装杯享用。

 营养小百科

　　牛油果中含有镁等矿物质，有助于缓解经前综合征、偏头痛、焦虑；豆浆含有烟酸、维生素 B_1 等营养成分，能够给身体补充各种营养。

预防便秘，舒缓疲劳

牛油果酸奶汁

 **营养素** 钾、膳食纤维

材料

牛油果 50 克　　　原味酸奶 100 毫

香蕉（冷冻）40 克　升

做法

1. 先用刀在牛油果上划一圈，然后双手分别拿着牛油果上下两部分，反方向扭动，打开牛油果。去掉果核，并在牛油果肉上划格子，再用勺子取出果肉。

2. 香蕉剥皮，切成小块。

3. 将牛油果肉、香蕉块装进榨汁机中，加入酸奶。盖上榨汁机盖，选择"榨汁"功能，榨汁即可。

营养小百科

　　牛油果的纤维含量很高，能帮助保持消化系统功能正常，预防便秘；香蕉含有丰富的钾，能够消除疲劳。

小贴士

　　冰冻的香蕉拿出来后，应立即切块榨汁，以免变黑。

柠檬

柠檬因其味极酸，肝虚孕妇最喜食，故称益母果或益母子。柠檬中含有丰富的柠檬酸，因此被誉为"柠檬酸仓库"。

营养分析含量表
（每100克含量）

含量	营养成分
37.0 千卡	热量
1.2 克	脂肪
1.3 克	纤维素
1.2 克	膳食纤维
4.9 克	碳水化合物
1.10 克	蛋白质
22 毫克	维生素C
37 微克	镁
101 毫克	钙
22 毫克	磷

🍮 营养价值

柠檬中的柠檬酸有收缩、增固毛细血管，降低通透性，提高凝血功能及血小板数量的作用，可缩短凝血时间和出血时间，具有止血作用。

🛒 选购妙招

1.观外形：柠檬果皮要挑选光滑，没有裂痕，没有虫眼的。

2.看颜色：柠檬多以金黄色为主。挑选时，挑选颜色均匀、亮堂、饱满的为佳。

3.掂重量：买的时候要掂一下重量，挑选较重的柠檬，这样的水分会比较充足。

🍲 食材搭配

草莓		西红柿	
哈密瓜		芦笋	
西瓜		卷心菜	

＼ 柠檬切法 ／

1.取1个洗净的柠檬，将两端切平。

2.用刀将整个柠檬都切成均匀的薄片即可。

治疗贫血，增强抵抗力

柠檬豆芽汁

扫一扫看视频

◯ 营养素 蛋白质、柠檬酸、果糖

🍶 材料

柠檬 60 克　绿豆芽 150 克
蜂蜜 30 克　纯净水 80 毫升

🫙 做法

1 洗好的柠檬切瓣，去皮去核，切块。

2 榨沸水锅中倒入洗净的绿豆芽，余烫 20 秒至断生，捞出后沥干水分。

3.榨汁机中倒入余好的绿豆芽，加入柠檬块，注入 80 毫升纯净水。

3 盖上盖，榨约 35 秒成蔬果汁。

4 静止榨汁机，将榨好的蔬果汁倒入杯中，淋上蜂蜜，即可饮用。

🥤 营养小百科

　　柠檬酸汁有很强的杀菌作用，对健康有益；豆芽含有丰富的维生素C，能保护血管，防治心血管疾病；蜂蜜中含有果糖、蛋白质等多种营养元素，不仅能够缓解贫血，还能够帮助人体提高免疫力。

降低胆固醇，防癌

柠檬柳橙汁

◎ 营养素 维生素 A、胡萝卜素、柠檬酸

🥣 **材料**

柠檬 80 克

柳橙 150 克

🥤 **做法**

1. 柠檬洗净，去皮、核，切块；柳橙洗净，去皮后取出籽，切成可放入榨汁机大小的块。

2. 将柠檬块、柳橙块放入榨汁机中，搅打成汁即可。

🥤 **营养小百科**

　　柠檬汁中含有大量柠檬酸盐，能够抑制钙盐结晶，从而阻止肾结石形成，使部分慢性肾结石患者的结石减少、变小；橙子含有大量维生素C和胡萝卜素，可以抑制致癌物质的形成，还能软化和保护血管，促进血液循环，降低胆固醇和血脂。

促进消化，排出毒素

柠檬苹果菠菜汁

 营养素 钾、磷、柠檬酸、叶酸

材料

菠菜 50 克   苹果 40 克

黄椒 30 克   柠檬 75 克

营养小百科

柠檬中的柠檬酸，有利于调节人体酸碱度；菠菜含有大量的植物粗纤维，具有促进肠道蠕动的作用，利于排便，且能促进胰腺分泌，帮助消化；苹果中含有较多的钾，能与人体内过剩的钠盐结合，使之排出体外。

做法

1. 菠菜洗净，去除根部，焯水；黄椒洗净，去蒂后切小块。

2. 苹果去皮洗净，切小块；柠檬洗净，切片，去籽。

3. 将所有食材装进榨汁机中，盖上榨汁机盖，选择"榨汁"功能，搅拌成液态即可。

西红柿

西红柿别名番茄、洋柿子、毛蜡果。它外形美观，色泽鲜艳，汁多肉厚，酸甜可口，既是蔬菜，又可作果品食用。

营养分析含量表
（每100克含量）

20.00 千卡	热量
0.20 克	脂肪
3.50 克	碳水化合物
0.90 克	蛋白质
19.00 毫克	维生素 C
23.00 毫克	磷
5.00 毫克	钠
163.00 毫克	钾
0.08 毫克	锰
0.40 毫克	铁

营养价值

西红柿富含有机碱、番茄碱和维生素 A 原、B 族维生素、维生素 C 及钙、镁、钾、钠、磷、铁等矿物质，具有提高食欲、帮助消化的作用。

食材搭配

杧果		牛奶	
苹果		胡萝卜	
梨子		香菜	

选购妙招

1.看颜色： 颜色越红的西红柿表示成熟度越好，吃起来的口感较好。

2.观外形： 人工催熟的西红柿外形不圆润，多有棱边。

3.试手感： 用手轻捏西红柿，皮薄有弹性，果实结实的说明西红柿新鲜度和成熟度都较好。

＼ 西红柿存储 ／

将西红柿放入食品袋中，扎紧口，放在阴凉通风处，每隔1天打开袋子口袋透透气，擦干水珠后再扎紧。如塑料袋内附有水蒸气，应用干净的毛巾擦干，然后再扎紧袋口。

美容抗皱，杀菌排毒

西红柿胡萝卜汁

○ **营养素** 维生素C、钙、镁

🍶 材料

西红柿 60 克　　纯净水 30 毫升

胡萝卜 60 克　　柠檬汁 适量

🫙 做法

1. 西红柿洗净，去蒂头，切成小片。

2. 胡萝卜去皮洗净，切小块。

3. 将上述食材装进榨汁机中，加入纯净水、柠檬汁。盖上榨汁机盖，搅拌成液态即可。

促进消化，保护视力

西红柿芹菜柠檬饮

 **营养素** 食物纤维、番茄红素

 + +

🍵 **材料**

西红柿 300 克　　柠檬 100 克

芹菜 少许

📱 **营养小百科**

　　芹菜能消除体内钠的潴留，帮助排便，消除水肿；西红柿中的番茄红素具有抑制脂质过氧化的作用，能防止自由基的破坏，抑制视网膜黄斑变性，维护视力。

🍶 **做法**

1. 西红柿洗净，切成小块；芹菜取叶，洗净；柠檬洗净，切片。

2. 将上述蔬果榨汁，再放上芹菜叶点缀即可。

促进食欲，预防血管老化

西红柿芹菜莴笋汁

扫一扫看视频

◎ 营养素 维生素 A、铁

材料

西红柿 100 克　　蜂蜜 15 克

莴笋 150 克　　　纯净水适量

芹菜 70 克

做法

1.芹菜洗净切段；莴笋洗净去皮切丁；西红柿洗净切丁，备用。

2.锅中注水烧开，倒入莴笋丁煮至沸；加入芹菜段，略煮片刻。捞出，沥干待用。

3.将食材倒入榨汁机中，加适量纯净水，榨汁。

4.揭开盖，倒入蜂蜜。盖上盖，再选择"榨汁"功能，最后倒入杯中即可。

营养小百科

西红柿含有多种维生素，而且维生素A、维生素C的比例合适，可以有效预防血管老化；莴笋含有烟酸、锌、铁等，有调节神经系统功能的作用。

帮助消化，减少皱纹

西红柿小黄瓜汁

◯ 营养素 有机碱、柠檬酸

材料

西红柿 100 克　　蜂蜜 适量

小黄瓜 80 克

营养小百科

西红柿所含苹果酸、柠檬酸等有机酸，能促使胃液分泌，增加对脂肪及蛋白质的消化；黄瓜含有丰富的维生素，可有效地对抗皮肤老化，减少皱纹的产生。

做法

1. 西红柿洗净，去蒂头，切成薄片。

2. 小黄瓜洗净，切小块。

3. 将西红柿、小黄瓜放到榨汁机中，加入蜂蜜，榨取果汁。

消暑解渴，促进肠胃蠕动

西红柿香菜汁

 营养素 维生素C、胡萝卜素

  +

材料

西红柿 300 克

香菜 30 克

蜂蜜 适量

做法

1. 西红柿以流水冲洗干净，去掉蒂头，切片。

2. 香菜洗净，去掉根部，切成小段。

3. 将西红柿片、香菜段、蜂蜜装进榨汁机中，选择"榨汁"功能，榨取果汁即可。

营养小百科

西红柿汁液丰富，当口干舌燥时食用，症状立马得到缓解，它具有消暑解渴等作用；香菜营养丰富，含有维生素C、胡萝卜素等营养物质，可使人胃口大开，帮助消化。

黄瓜

黄瓜原名叫胡瓜，据说是汉朝张骞出使西域时带回来的，南方人称之为青瓜和花瓜。果实颜色呈油绿或翠绿。鲜嫩的黄瓜顶花带刺，果肉脆甜多汁，具有清香口味。

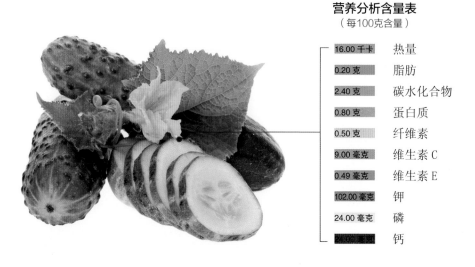

营养分析含量表
（每100克含量）

16.00 千卡	热量
0.20 克	脂肪
2.40 克	碳水化合物
0.80 克	蛋白质
0.50 克	纤维素
9.00 毫克	维生素 C
0.49 毫克	维生素 E
102.00 毫克	钾
24.00 毫克	磷
100 毫克	钙

🍲 营养价值

黄瓜主要含有膳食纤维、矿物质、维生素、乙醇、丙醇等营养成分，其中所含的葡萄糖苷、果糖等不参与通常的糖代谢，故糖尿病人以黄瓜代替淀粉类食物充饥，血糖非但不会升高，甚至会降低。

🛒 选购妙招

1.看瓜刺： 新鲜黄瓜表皮带刺，如果没刺，说明生长期过长、采摘后放置时间较长，不新鲜。

2.看体形： 黄瓜细长，粗细均匀的品质和口感较好；如果尾部枯萎则表明采摘时间过长。

3.看颜色： 新鲜的黄瓜呈深绿色，发绿发黑且口感相对较好。

👨‍🍳 食材搭配

梨子		狝猴桃	
苹果		西红柿	
香蕉		芹菜	

＼ 黄瓜存储 ／

黄瓜如果长时间存放在常温状态下，会流失较多的水分，为了更好地保存，可采用冰箱冷藏法。将黄瓜表面的水分擦干，再放入保鲜袋中，封好袋后放冰箱冷藏即可。

排毒瘦身，滋润肌肤

黄瓜梨子汁

◎ 营养素 蛋白质、黄瓜酶

材料

黄瓜 50 克　　　　西葫芦 75 克

梨子 45 克　　　　纯净水 35 毫升

做法

1. 黄瓜洗净，切成适宜入口的小块。

2. 梨子去皮去核，切小块。

3. 西葫芦洗净，去掉头尾，切小块，焯水后捞出备用。

4. 将上述食材放进榨汁机中，加入纯净水。盖上榨汁机盖，选择"榨汁"功能，榨取果汁即可。

营养小百科

　　黄瓜中含有丰富的维生素E、黄瓜酶，丙醇二酸，有排毒瘦身、美容养颜的作用；西葫芦水分含量高，能为肌肤补充水分，滋润肌肤。

美白皮肤，增强免疫力

黄瓜苹果汁

⬤ 营养素 葫芦素 C、维生素 C

🧺 材料

黄瓜 80 克　　　　柠檬 30 克

苹果 50 克　　　　薄荷叶 适量

📖 做法

1. 黄瓜以流水冲洗干净，切小块。

2. 苹果去皮洗净，切小块。

3. 柠檬用清水冲洗干净，切薄片。

4. 将上述食材与薄荷叶放进榨汁机中，搅拌成液态，即可装杯享用。

🥤 营养小百科

　　黄瓜中含有的葫芦素C，具有提高人体免疫功能的作用，经常食用黄瓜，可达到抗肿瘤目的；柠檬含有丰富的维生素C，能够美白皮肤。

小贴士

　　加入薄荷叶时，可以先不全部放。待装杯后，利用剩下的薄荷叶对蔬果汁进行装饰。

Part 04

秋季养生蔬果汁

用收获满满来形容秋季再适合不过啦，橘子、柿子等水果便是这个季节的蔬果。这些水果的外观和秋季一样都是黄灿灿的，很容易让人联想到"收获"一词。饮一杯属于这个季节的蔬果汁，是不是也觉得自己收获满满呢！

苹果

苹果别名平安果、柰子、林檎。它果实圆形，味甜或略酸，品种繁多，是常见的水果，具有丰富的营养成分。

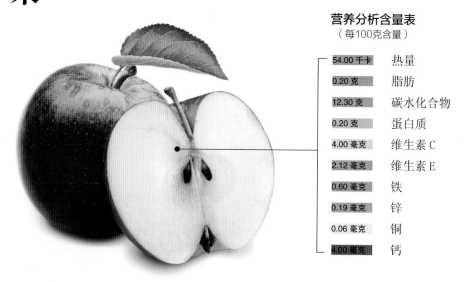

营养分析含量表
（每100克含量）

54.00 千卡	热量
0.20 克	脂肪
12.30 克	碳水化合物
0.20 克	蛋白质
4.00 毫克	维生素 C
2.12 毫克	维生素 E
0.60 毫克	铁
0.19 毫克	锌
0.06 毫克	铜
4.00 毫克	钙

🫑 营养价值

苹果富含碳水化合物、磷、铁、钾、苹果酸、纤维素、维生素C等营养成分，具有促进代谢，防止下半身肥胖等功效。

🍳 食材搭配

葡萄柚		胡萝卜	
豆浆		西蓝花	
酸奶			

🛒 选购妙招

1.看外观：挑选形状比较圆的，不要选择奇形怪状的，这样的苹果不好吃。

2.看颜色：苹果颜色是红中带黄的，这样才是成熟的，不是生苹果。

3.摸外皮：苹果的表皮有点粗糙，不能非常光滑鲜亮，那样的话有可能是打蜡的。

╲ 苹果存储 ╱

如果买来的苹果一时吃不完，可将苹果用筐子装起来，放在阴凉通风处，可以保存7~10天。

帮助排便，杀菌消毒

苹果胡萝卜汁

◎ 营养素 蛋白质、胡萝卜素

材料

苹果 60 克　　　　纯净水 35 毫升

胡萝卜 200 克

做法

1. 苹果去皮后，用流水冲洗干净，切小块。

2. 胡萝卜去皮洗净，切成适宜的块状。

3. 将苹果块、胡萝卜块装进榨汁机中，倒入纯净水。按下"榨汁"键，搅拌成液态即可。

营养小百科

　　苹果中所含的纤维素，能使大肠内的粪便变软，利于排便；胡萝卜的芳香气味是挥发油造成的，能增进消化，并有杀菌作用。

预防中风，减轻腹泻

苹果西蓝花汁

◉ 营养素 蛋白质、维生素 C、果胶

🎚 材料

苹果 40 克

西蓝花 60 克

牛油果 40 克

柠檬 10 克

纯净水 50 毫升

📖 做法

1.苹果去皮洗净，切块；西蓝花洗净，切掉尾部，切成适当大小，焯水后捞起备用。

3.将牛油果打开，去掉果核，用勺子取出果肉；柠檬洗净，切薄片。

5.将上述食材放进榨汁机里，加入纯净水，榨汁即成。

🥤 营养小百科

苹果中含有果胶，能抑制肠道不正常的蠕动，使消化活动减慢，从而抑制轻度腹泻；西蓝花能阻止胆固醇氧化，减少心脏病的危险。

帮助排便，保护心血管

苹果蓝莓柠檬汁

◉ 营养素　有机酸、苹果酸、果胶

 +  +

材料

苹果 100 克

蓝莓 70 克

柠檬 30 克

纯净水适量

做法

1. 苹果洗净，带皮切小块；柠檬洗净，去皮、核，切块；蓝莓洗净。

2. 把蓝莓、苹果块、柠檬块和纯净水放入果汁机内，搅打均匀，即可倒入杯中。

营养小百科

　　苹果含有丰富的有机酸，可刺激胃肠蠕动，促使大便通畅；蓝莓果胶含量很高，能有效降低胆固醇，防止动脉硬化，促进心血管健康。

橘子

橘子外皮肥厚，内藏瓤瓣，由汁泡和种子构成，它色彩鲜艳、酸甜可口，是秋季常见的美味佳果。

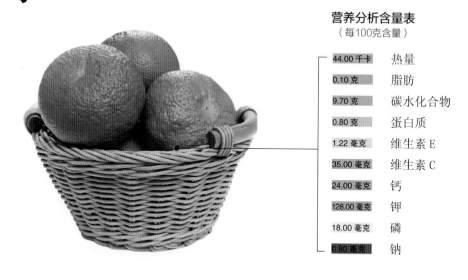

营养分析含量表
（每100克含量）

44.00 千卡	热量
0.10 克	脂肪
9.70 克	碳水化合物
0.80 克	蛋白质
1.22 毫克	维生素 E
35.00 毫克	维生素 C
24.00 毫克	钙
128.00 毫克	钾
18.00 毫克	磷
0.80 毫克	钠

🥄 营养价值

橘子含有蛋白质、碳水化合物、胡萝卜素、维生素、葡萄糖、果糖、苹果酸等营养成分，能够缓解疲劳，减少胆固醇。

🍳 食材搭配

苹果		柚子	
葡萄柚		姜	

🛒 选购妙招

1.观外形：看橘子底部的脐，缩成点状的是雄橘子，雌橘子比雄橘子要甜。

2.闻气味：成熟适度的橘子会具有很浓的香味，香气扑鼻。

3.摸软硬：用手指轻轻按果皮，成熟适度的橘子果皮不软不硬，有较强的弹性。

＼ 橘子存储 ／

在常温下，将橘子放在阴凉通风处可以保存1个星期，如果套上塑料袋，储存的时间则更长。

促进消化，降低胆固醇

橘子鲜姜汁

 营养素 胡萝卜素、膳食纤维、果胶

材料

橘子 150 克   鲜姜 50 克

苹果 200 克

营养小百科

橘子内侧薄皮含有膳食纤维及果胶，可以促进大小便排泄，降低血液中胆固醇含量；姜的挥发油，能增强胃液的分泌和肠壁的蠕动，从而帮助消化。

做法

1. 橘子去果皮，去橘络，用手撕成一瓣瓣。

2. 苹果去果皮，切小块。

3. 鲜姜去皮洗净，切小丁。

4. 将所有食材装进榨汁机中，按下"榨汁"键，榨取果汁即可。

帮助排便，缓解疲劳

橘子苹果汁

🔵 **营养素** 果胶、锌

 +

🍵 **材料**

橘子 80 克 　　　　蜂蜜 少许

苹果 150 克

🥤 **做法**

1. 橘子剥皮，去橘络，掰成瓣。

2. 苹果去皮洗净，切小块。

3. 将橘子瓣、苹果块放入榨汁机中，加入蜂蜜。盖上榨汁机盖，搅拌成液态，即可装杯。

🥤 **营养小百科**

　　橘子中含有丰富的维生素C等营养元素，有降低人体中血脂和胆固醇的作用；苹果含有的锌元素，是人体内多种重要酶的组成元素，在消除疲劳的同时，还能增强记忆力。

降低血压，预防肠癌

橘子红薯汁

● 营养素 橘皮苷、蛋白质、膳食纤维

营养小百科

橘子中含橘皮苷，可以加强毛细血管的韧性，降血压，扩张心脏的冠状动脉；红薯所含的膳食纤维也比较多，对促进胃肠蠕动和防止便秘非常有益，可预防直肠癌和结肠癌。

材料

橘子 300 克　　　肉桂粉少许

去皮熟红薯 50 克　纯净水 80 毫升

做法

1. 去皮熟红薯切块；橘子剥皮，去橘络，掰成小瓣，待用。

2. 将红薯块、橘子瓣倒入备好的榨汁机中。

3. 注入 80 毫升的纯净水，盖上盖。

4. 启动榨汁机，榨约 15 秒成蔬果汁。

5. 断电后揭开盖，将蔬果汁倒入杯中，放上少许肉桂粉即可。

阳桃

阳桃属热带、南亚热带水果，原产印度，我国的海南省也有栽培。且阳桃有甜阳桃和酸阳桃之分，是海南省名闻遐迩的佳果。

营养分析含量表
（每100克含量）

31.00 千卡	热量
0.20 克	脂肪
6.20 克	碳水化合物
0.60 克	蛋白质
7.00 毫克	维生素 C
18.00 毫克	磷
1.40 毫克	钠
128.00 毫克	钾
0.04 毫克	铜
0.39 毫克	锌

营养价值

阳桃含蛋白质、脂肪、纤维、碳水化合物、灰分、胡萝卜素、核黄素、抗坏血酸、钾、钙、镁、铁等，果汁丰富，能祛除燥热。

选购妙招

1.观外形：以棱片肉较肥厚的阳桃口感较佳。

2.看颜色：阳桃没有后熟作用，挑选时就要挑成熟度适当的阳桃，绿中带黄的阳桃代表成熟度刚好，太黄表示过熟，表皮有黑色斑点、太绿则成熟度不足。

食材搭配

香蕉		苹果	
猕猴桃		橙子	

阳桃切法

1.取洗净的阳桃，切成若干块，再横切，成五星块。

2.将五星块按照星角进行分解，成菱形块。

补充水分，排出毒素

阳桃梅子醋汁

⬤ **营养素** 胡萝卜素、核黄素

🥣 材料

阳桃 70 克　　　　纯净水 120 毫升

梅子醋 30 毫升　　白糖 适量

🧃 做法

1.用流水将阳桃冲洗干净，切成小块。

2.将阳桃倒入榨汁机中，加入梅子醋、纯净水、白糖，榨取果汁即可。

🥤 营养小百科

　　阳桃富含多种糖类，果汁充沛，能迅速补充人体的水分而止渴，并使体内的热或酒毒随小便排出体外；其所含的碳水化合物也非常丰富，能够帮助消化。

美白肌肤，减少皱纹

阳桃橙汁

营养素 维生素C、果胶

材料

阳桃 70 克　　　　纯净水 150 毫升

柳橙 40 克　　　　白糖 少许

苹果 60 克

做法

1. 阳桃用流水冲洗干净，切小块。

2. 柳橙对切，取出果肉。

3. 苹果去果皮，再以流水冲洗干净，切成小块。

4. 将阳桃块、柳橙肉、苹果块装进榨汁机中，加入纯净水与白糖。盖上榨汁机盖，选择"榨汁"功能，搅拌成液态即可。

营养小百科

　　阳桃富含维生素C，可强化免疫系统，美白皮肤；橙子富含丰富的果胶、蛋白质等，有助于增加皮肤弹性，减少皱纹。

小贴士

　　肾功能不佳者，不宜吃阳桃，因为阳桃含草酸氢钾，影响消化功能。

葡萄

葡萄几乎占全世界水果产量的1/4，可制成葡萄汁、葡萄干和葡萄酒。葡萄皮薄多汁，酸甜味美，有"晶明珠"之美称。

营养分析含量表
（每100克含量）

44.00 千卡	热量
0.20 克	脂肪
9.90 克	碳水化合物
0.50 克	蛋白质
25.00 毫克	维生素 C
0.70 毫克	维生素 E
5.00 毫克	钙
0.40 毫克	铁
0.18 毫克	锌
13.00 毫克	磷

营养价值

葡萄含维生素C、维生素B$_1$、维生素B$_2$、维生素B$_6$、钙、磷、铁、葡萄糖、果糖等成分，具有延缓衰老等功效。

食材搭配

橙子		西红柿	
香蕉		胡萝卜	

选购妙招

1.观外形： 外观新鲜，成熟度适中，果穗大小适宜且整齐，果粒饱满，大小均匀，外有白霜者品质最佳。

2.看颜色： 成熟度适中的葡萄，果穗、果粒颜色较深。

3.闻气味： 品质好的葡萄，果浆多而浓，味甜，有香气；品质差的葡萄果汁少或者汁多而味淡，无香气，具有明显的酸味。

＼葡萄存储／

先不清洗，以塑料袋或纸袋装好，防止果实的水分蒸散，入冰箱冷藏。可在塑料袋上扎几个小孔，保持透气，以免水汽积聚，造成水果腐坏。

紫魅葡萄甘蓝汁

营养素 果糖、维生素C

材料

紫葡萄 100 克	紫甘蓝 50 克
蓝莓 30 克	纯净水 100 毫升
火龙果 120 克	

营养小百科

紫色蔬果中富含花青素，它能清除体内自由基，降低胆固醇，促进血液循环，从而防止血液中胆固醇含量增高，保护血管。

做法

1. 紫葡萄对半切开，去籽；紫甘蓝切成小块；火龙果去皮，再切成小块；蓝莓洗净，备用。
2. 将所有食材放入榨汁机，倒入纯净水，榨成汁即可。

帮助代谢，舒缓眼疲劳

双莓葡萄果汁

⬤ **营养素** 花青素、葡萄糖

🍶 材料

草莓 50 克　　　　紫葡萄 60 克

蓝莓 30 克　　　　纯净水 100 毫升

🧃 做法

1. 紫葡萄洗净后对半切开；草莓去蒂，对半切开。

2. 将草莓、洗净的蓝莓、紫葡萄放入榨汁机，倒入纯净水，榨成汁即可。

🥤 营养小百科

　　葡萄含有多种营养元素，大部分有益成分可直接被人体吸收，能够促进人体新陈代谢；蓝莓含有的花青素具有抗氧化力，不仅能延缓衰老，还可以缓解眼睛疲劳、干涩的症状。

小贴士

　　水可根据需要适量加，不要加太多，以免口味偏淡。

柿子

柿子是一种广泛种植的果树结出的果实，原产地为我国，19世纪传入国外。柿子可以生吃，也可以加工成多种零食。

营养分析含量表
（每100克含量）

74.00 千卡	热量
0.10 克	脂肪
17.10 克	碳水化合物
0.40 克	蛋白质
30.00 毫克	维生素 C
9.00 毫克	钙
151.00 毫克	钾
23.00 毫克	磷
0.08 毫克	钠
0.08 毫克	锌

🍲 营养价值

柿子含蛋白质、维生素C、钙、磷、铁、锌、鞣酸、果胶、单宁酸、蔗糖、葡萄糖等，它含碘量非常丰富，能够防治地方性甲状腺肿大。

🛒 选购妙招

1.观外形： 选购柿子时，先观察其外形，应选择体形规则、有点方正的柿子。

2.看颜色： 观察柿子的颜色是否鲜艳，颜色鲜艳的比较好吃。

3.摸软硬： 购买带有青色的硬柿子时，用手指按一按柿子的表面，若感觉较硬朗则为很好的柿子。

🍳 食材搭配

苹果		酸奶	
橘子		柚子	
梨			

＼ 柿子存储 ／

柿子要保留较短的果柄和完好的萼片，且不受损伤。然后，轻轻装入篓、筐等容器内，放在阴凉通风处。

帮助代谢，消除水肿

柿子鲜奶汁

◎ **营养素** 葡萄糖、果糖、胡萝卜素

🍯 材料

柿子 240 克　　　低脂鲜奶 250 毫

红葡萄 100 克　　升

📦 做法

1. 柿子去表皮、蒂头与果核，切块。

2. 红葡萄用清水洗净，对切去籽。

3. 将上述食材装进榨汁机中，倒入鲜奶。盖上榨汁机盖，榨取果汁即可。

🥤 营养小百科

柿子有消炎和消肿的作用，可以预防心脏血管硬化；葡萄所含热量很高，而且葡萄中大部分有益物质可以被人体直接吸收，对人体新陈代谢等一系列活动有良好作用。

促进消化，改善贫血

柿子菠菜汁

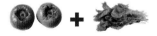 营养素　果胶、铁、胡萝卜素

材料

菠菜 80 克　　　　葡萄柚 50 克

柿子 250 克

做法

1. 菠菜洗净，去掉根部，焯水后捞出。

2. 柿子去掉果皮、蒂头与果核，切小块。

3. 葡萄柚去皮洗净，切块。

4. 将上述食材放进榨汁机中，选择"榨汁"功能，搅拌成液态即可装杯享用。

营养小百科

　　柿子富含果胶，有良好的促进消化等作用；菠菜中含有丰富的铁元素，对缺铁性贫血有较好的辅助治疗作用。

小贴士

　　菠菜不宜焯煮太久，以免失去其营养成分。

木瓜

木瓜果实长于树上，外形像瓜，故名木瓜。木瓜营养丰富，有"百益之果""水果之皇"等雅称。

营养分析含量表
（每100克含量）

29.00 千卡	热量
0.10 克	脂肪
6.20 克	碳水化合物
0.40 克	蛋白质
43.00 毫克	维生素 C
17.00 毫克	钙
0.25 毫克	锌
18.00 毫克	钾
12.00 毫克	磷
28.00 毫克	钠

🍲 营养价值

木瓜含蛋白质、碳水化合物、膳食纤维、维生素A、B族维生素。经常食用木瓜，能消除体内的过氧化物等毒素，净化血液，对肝功能障碍及高血脂、高血压病具有一定的防治效果。

🛒 选购妙招

1.观外形： 挑木瓜，首先要买个头比较大的，身材比较胖的。

2.闻气味： 品质良好的木瓜有清香味道，如果发臭就不好吃。

3.摸软硬： 稍用力就能按动瓜肉，但是不塌陷，就是好的木瓜。

🍴 食材搭配

梨子		苹果	
橙子		牛奶	

╲ 木瓜存储 ╱

如果只是临时短期贮藏，可以采用常温贮藏，只要通风良好、清洁卫生即可。但应注意的是，木瓜在夏天由于温度高，只需2~3天便会后熟，冬天相对时间长一些。

防治便秘，增强免疫力

木瓜牛奶饮

扫一扫看视频

营养素 维生素 C、胡萝卜素

🍶 材料

木瓜 180 克　　　白糖 适量

牛奶 170 毫升　　纯净水 适量

🍹 营养小百科

　　木瓜里的酵素会帮助分解肉食，减轻胃肠的工作负担，帮助消化，防治便秘，并可预防消化系统癌变；牛奶中存在多种免疫球蛋白，能增加人体免疫抗病能力。

🫖 做法

1. 先将木瓜肉切条形，再改切成小块，备用。

2. 取榨汁机，选择搅拌刀座组合，倒入木瓜块，加入牛奶。

3. 注入适量纯净水，撒入少许白糖，盖好榨汁机盖。

4. 选择"榨汁"功能，榨取果汁。

5. 断电后倒出果汁，装入杯中即成。

排出毒素，美容养颜
木瓜空心菜汁

 **营养素** 膳食纤维、维生素 A、粗纤维

材料

木瓜 300 克　　　凤梨 60 克

空心菜 40 克　　　纯净水 适量

做法

1. 木瓜去皮洗净，切掉头尾，再对切，并将籽取出扔掉。最后用流水冲洗，切小块。

2. 空心菜洗净，切成段，以热水烫一下备用。

3. 凤梨去皮，切成块状。

4. 将上述食材装进榨汁机中，倒入适量纯净水，榨取果汁即可。

营养小百科

　　木瓜能均衡、强化青少年和孕妇妊娠期激素的生理代谢平衡，还有润肤养颜的功效；空心菜中粗纤维的含量较丰富，具有促进肠蠕动、排出毒素的作用。

小贴士

　　榨好的果汁可放入冰箱冷藏片刻，味道会更好。

● Part 05 ●

冬季养生蔬果汁

　　一到冬天，我们便不想出门，只想待在家中。冬天，我们需要及时给自己补充能量，自己制作蔬果汁既可以打发无聊的时光，还可以用蔬果来补充身体所需要的能量，一举数得，好极了！

甘蔗

甘蔗汁多味甜，营养丰富，被称作"果中佳品"，甚至有人说"冬日甘蔗赛过参"。它是制造蔗糖的原料。

营养分析含量表
（每100克含量）

65.00 千卡	热量
0.10 克	脂肪
15.40 克	碳水化合物
0.40 克	蛋白质
0.60 克	纤维素
2.00 毫克	维生素 C
14.00 毫克	钙
1.00 毫克	锌
95.00 毫克	钾
14.00 毫克	磷

营养价值

甘蔗含碳水化合物、蛋白质、膳食纤维、维生素A、B族维生素、维生素C、钙、钠、锌等，具有祛除燥热、保护肺部与胃部等功效。

食材搭配

阳桃		生姜	
柠檬		马蹄	

选购妙招

1.观外形： 优质的甘蔗茎秆粗硬光滑，端正挺直，富有光泽，挂有白霜，无虫蛀空洞。

2.看颜色： 切开后剖面如果有泛红黄色、棕褐色、青黑色斑点斑块，或在纵向的纤维中夹杂有粗细不一的红褐色条纹，则表明甘蔗已变质，不可购买。

3.闻气味： 如果有酸霉气味或酒糟味，则不能购买。

＼ 甘蔗存储 ／

如果买来的甘蔗一时吃不完，可将甘蔗切成截，用保鲜膜包好，放入冰箱里冷藏。但时间也不能太久，最好还是当天把它吃完。

排出毒素，治疗食欲不振

甘蔗生姜汁

扫一扫看视频

营养素 蛋白质、挥发油

🥤 **营养小百科**

    甘蔗富含碳水化合物、蛋白质等，可以促进消化，帮助毒素排出，饮其汁还可缓解酒精中毒；生姜味道独特，具有增加食欲的作用。

📦 **材料**

甘蔗 95 克

生姜 30 克

🍳 **做法**

1. 生姜去皮洗净，切成小块。

2. 甘蔗洗好去皮切段，对半切开，再切成丁，备用。

3. 取榨汁机，选择搅拌刀座组合，倒入切好的食材。

4. 注入适量温开水，盖好盖，选择"榨汁"功能，榨约 30 秒，榨出汁水。

5. 断电后将甘蔗汁倒入杯中即可。

缓解贫血，保护肝脾
甘蔗圣女果马蹄汁

扫一扫看视频

● 营养素 铁、维生素 A、维生素 C

📷 材料

圣女果 100 克　　　甘蔗 110 克

去皮马蹄 120 克

🥤 做法

1. 洗净去皮的马蹄对半切开。

2. 处理好的甘蔗切条，再切成小块。

3. 备好榨汁机，倒入甘蔗块。

4. 倒入适量的凉开水。

5. 盖上盖，调转旋钮至 1 档，榨取甘蔗汁。

6. 将榨好的甘蔗汁滤入碗中。

7. 备好榨汁机，倒入圣女果、马蹄。

8. 倒入榨好的甘蔗汁。

9. 盖上盖，调转旋钮至 1 档，榨取果汁。

10. 将榨好的果汁倒入杯中即可。

🥤 营养小百科

　　甘蔗铁的含量特别多，居水果之首，有"补血果"的美称；圣女果含维生素 A、维生素B₁、维生素C等营养成分，具有保护肝脾、帮助消化等功效。

小贴士

　　榨甘蔗汁时水不要加太多，以免影响口感。

石榴

石榴树是落叶灌木或小乔木，针状枝，叶呈长倒卵形或长椭圆形，无毛。它是馈赠亲友的吉祥佳品，还是西安市的市花。

营养分析含量表
（每100克含量）

73.00 千卡	热量
0.20 克	脂肪
13.90 克	碳水化合物
1.40 克	蛋白质
4.91 毫克	维生素 E
9.00 毫克	维生素 C
71.00 毫克	磷
231.00 毫克	钾
0.17 毫克	锰
9.00 毫克	钙

营养价值

石榴含蛋白质、碳水化合物、钙、磷、维生素B_1、维生素B_2、含维生素C，具有预防坏血病、美白皮肤等作用。

食材搭配

梨子		苹果	
柚子		葡萄柚	

选购妙招

1.观外形：看石榴的皮是不是很饱满，如果是松弛的，那就代表石榴不够新鲜。

2.看颜色：看颜色亮不亮，如果光滑到亮就说明石榴新鲜的。

3.掂重量：将石榴放在手心，如果感觉有些重，那就是熟透了的，里面水分会比较多。

＼石榴存储／

将石榴放进塑料袋子里，装袋前先检查袋壁有无破损和漏气，袋口初期不要扎紧，折叠拧紧即可。贮放1个月后，每半个月检查一次。

延缓衰老，帮助营养吸收

石榴葡萄柚汁

 营养素 维生素 B_1、维生素 B_2

材料

石榴 50 克　　甜瓜 50 克

葡萄柚 30 克　　红椒 60 克

营养小百科

　　石榴富含红石榴多酚，可以清除自由基，延缓衰老；甜瓜中含有转化酶，可以将不溶性蛋白质转变成可溶性蛋白质，能帮助肾脏病人吸收营养，对肾病患者有益。

做法

1.用刀子在石榴落花附近划一圈，将切开的落花附近部分拿开，然后再在侧面从上往下划几道线。最后轻轻用手掰开，石榴粒就可以轻松取出。

2.葡萄柚去果皮，切小块；红椒洗净，去蒂头与籽，切成块。

3.甜瓜洗净去皮，去籽。再以流水冲洗，切小块。

4.将所有食材放进榨汁机里，盖上榨汁机盖，选择"榨汁"功能，榨取果汁即可。

保护视力，祛除烦热

石榴雪梨汁

扫一扫看视频

⬤ **营养素**　花青素、维生素 C

🏺 材料

石榴 120 克　　　　香蕉少许　　　　　纯净水适量

雪梨 100 克　　　　酸奶 90 毫升

做法

1. 石榴取果肉粒；雪梨取果肉，切小块。

2. 取榨汁机，倒入石榴果粒、适量纯净水，盖好盖。

3. 选择第 1 档，榨取石榴汁。

4. 倒出果汁，装入杯中，备用。

5. 在榨汁机中放入雪梨块、香蕉块、酸奶，倒入榨好的石榴汁，盖好盖。

6. 选择第 1 档，榨汁，断电后倒入杯中即成。

🥤 营养小百科

　　石榴富含花青素，抗衰老的同时可以保护视力；梨具有醒酒解毒等功效，在气候干燥时，人们常感到皮肤瘙痒，口鼻干燥，有时干咳少痰，每天吃一两个梨可解除烦躁，有益健康。

小贴士

　　剥取石榴时可用小勺挖出来，这样不仅方便，而且果粒也更完整。

橙子

橙子是大众化的水果，在国内外广泛种植，品种繁多，深受人们喜爱。此类水果果肉汁多味甘，是鲜食和做果汁的理想水果。

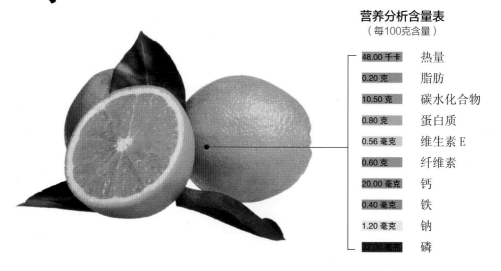

营养分析含量表
（每100克含量）

48.00 千卡	热量
0.20 克	脂肪
10.50 克	碳水化合物
0.80 克	蛋白质
0.56 毫克	维生素 E
0.60 克	纤维素
20.00 毫克	钙
0.40 毫克	铁
1.20 毫克	钠
22.00 毫克	磷

营养价值

橙子含有丰富的果胶、碳水化合物、钙、磷、铁及维生素 B_1、维生素 B_2，能够舒缓情绪，预防心脏病等。

食材搭配

梨子果		胡萝卜	
		西葫芦	

选购妙招

1.看果脐： 果脐越小口感越好。

2.掂分量： 同等大小的橙子，分量沉的比较好，水分也充足。

3.看橙皮： 橙皮密度高，厚度均匀且稍微硬一点，这样的橙子口感佳。

＼ 橙子存储 ／

把橙子擦干净，晾干，用保鲜膜包裹橙子，不让它透气，然后放入冰箱冷藏室内，可保存2~3个月。

补充体力，保持苗条身材

橙子红椒汁

营养素 维生素 B₁、维生素 B₂

材料

橙子 200 克	黄瓜 80 克
胡萝卜 40 克	红甜椒 8 克
苹果 100 克	

做法

1. 橙子去皮洗净，切块。
2. 胡萝卜去皮，用流水冲洗干净，切小片。
3. 苹果去皮洗净，切块。
4. 黄瓜用清水冲洗，切成适宜的小块。
5. 红甜椒洗净，去蒂头与籽，切块。
6. 将所有食材放到榨汁机中，盖上榨汁机盖，搅拌成液态即可。

营养小百科

运动后饮用橙汁，含量丰富的果糖能迅速补充体力，而高达85%的水分更能解渴提神；黄瓜含有维生素B₁和维生素B₂，可以防止口角炎、唇炎，还可润滑肌肤，让你保持苗条身材。

预防糖尿病，降低血脂

橙子西葫芦汁

营养素 橙皮苷、瓜氨酸

材料

西葫芦 120 克

橙子 80 克

做法

1. 西葫芦用流水冲洗，去头尾，切成小块，焯水后捞出。

2. 橙子剥掉果皮，将果肉切块。

3. 将西葫芦块与橙子块装进榨汁机中，按下"榨汁"键，榨取果汁即可。

营养小百科

　　橙子含有的橙皮苷能软化血管、降低血脂，日常饮用可预防心血管系统疾病；西葫芦中含有瓜氨酸、腺嘌呤，可有效防治糖尿病，预防肝、肾病变等。

小贴士

　　剥取橙子果肉时，最好将白色的皮去除干净，以免影响口感。

白萝卜

白萝卜为根茎类蔬菜。根据营养学家分析，白萝卜生命力指数为5.5555，防病指数为2.7903。至今种植有千年历史，在饮食和中医食疗领域有广泛应用。

营养分析含量表
（每100克含量）

23.00 千卡	热量
0.10 克	脂肪
4.00 克	碳水化合物
0.90 克	蛋白质
1.00 克	纤维素
21.00 毫克	维生素 C
61.80 毫克	钠
26.00 毫克	磷
36.00 毫克	钙
173.00 毫克	钾

🍲 营养价值

白萝卜主要含 B 族维生素、维生素 C、铁、钙、磷、膳食纤维、芥子油和淀粉酶等营养成分。其所含的芥子油、淀粉酶和粗纤维有促进消化，增强食欲，加快胃肠蠕动和止咳化痰的作用。

🛒 选购妙招

1.看外形： 品质较好的白萝卜应个体大小匀称，外形圆润。

2.看萝卜缨： 萝卜缨新鲜，呈绿色，无黄叶、烂叶。

3.看表皮： 白萝卜外皮应光滑，皮色较白嫩；若皮上有黑斑表明生长周期或放置时间较长。

🍳 食材搭配

菠萝		枇杷	
梨子		芹菜	

⟨ 白萝卜切法 ⟩

1.取一段洗净去皮的萝卜，纵向对半切，一分为二。

2.将萝卜纵向切成厚片。再横向切块即可。

帮助减肥，增强免疫力

白萝卜蜂蜜汁

营养素 纤维素、葡萄糖

 +

 营养小百科

　　白萝卜所含热量较少，纤维素较多，吃后易产生饱胀感，这些都有助于减肥；蜂蜜含有葡萄糖、维生素A、维生素B_1等营养成分，具有美容、增强免疫力、延缓衰老等功效。

材料

白萝卜 80 克　　　蜂蜜 适量
纯净水 80 毫升

做法

1. 白萝卜去皮洗净，切小块。

2. 将白萝卜块放入榨汁机中，加入纯净水和蜂蜜。盖上榨汁机盖，选择"榨汁"功能，搅拌成液态即可。

增强记忆力，提升免疫力

白萝卜青苹果汁

 **营养素** 多糖、维生素 C

🍵 **材料**

白萝卜 70 克　　纯净水 60 毫升　蜂蜜适量

青苹果 70 克　　柠檬汁 适量

📖 **营养小百科**

　　白萝卜能诱导人体自身产生干扰素，增加机体免疫力，并能抑制癌细胞的生长，对防癌、抗癌有重要作用；苹果含有多糖、钾等，能够增强记忆力。

🍹 **做法**

1. 白萝卜去皮洗净，切小块；青苹果用流水冲洗干净，切小块。

2. 将白萝卜块、青苹果块装进榨汁机里，倒入柠檬汁和蜂蜜。盖上榨汁机盖，搅拌成液态即可装杯享用。

148

促进消化，保护皮肤

白萝卜枇杷蜜汁

扫一扫看视频

◎ **营养素** 维生素C、膳食纤维

材料

去皮白萝卜80克

去皮枇杷100克

苹果110克

纯净水80毫升

做法

1. 洗好的苹果去核去皮，切块。

2. 洗净去皮的白萝卜切块。

3. 洗净去皮的枇杷切开去核，切块。

4. 榨汁机中倒入苹果块和白萝卜块。

5. 加入枇杷块。

6. 注入80毫升凉开水。

7. 盖上盖，榨约15秒成蔬果汁。

8. 将蔬果汁倒入杯中即可。

营养小百科

白萝卜中的维生素C能防止皮肤的老化，阻止色斑的形成，保持皮肤的白嫩；枇杷中所含的有机酸，能刺激消化腺分泌，对增进食欲、帮助消化吸收、止渴解暑有很好的作用。

胡萝卜

胡萝卜属伞形科，为伞形科植物胡萝卜的根，两年生蔬菜，别名红萝卜、黄萝卜、番萝卜、丁香萝卜、小人参、菜人参。

营养分析含量表
（每100克含量）

39.00 千卡	热量
0.20 克	脂肪
9.70 克	碳水化合物
1.00 克	蛋白质
0.41 毫克	维生素 E
13.00 毫克	维生素 C
32.00 毫克	钙
190.00 毫克	钾
27.00 毫克	磷
71.40 毫克	钠

🍄 营养价值

胡萝卜主要富含胡萝卜素、B族维生素、维生素 C、碳水化合物等营养成分，具有保护视力，增强免疫力的作用。

🛒 选购妙招

1.看外表： 在挑选胡萝卜的时候，应购买外皮光滑，色泽鲜亮的。

2.掂重量： 同样大小的选择分量重的，相对轻一些的可能会有空心的现象出现。

3.看颜色： 新鲜胡萝卜大多呈现橘黄色，光泽度比较好，颜色较为自然。

🍳 食材搭配

苹果		猕猴桃	
香蕉		西红柿	
梨子		土豆	

＼ 胡萝卜存储 ／

可用报纸包好，放在阴暗处保存。如果将胡萝卜放置在室温下，就要尽量在1～2天内吃掉，否则胡萝卜会枯萎、软化。

胡萝卜牛奶汁

◎ **营养素** 矿物质、磷、铁

材料

胡萝卜 100 克　　　蜂蜜 适量
牛奶 150 毫升

做法

1. 胡萝卜去表皮，用清水冲洗，切成小片。
2. 将所有食材装进榨汁机里，盖上榨汁机盖，榨取果汁即可。

营养小百科

　　胡萝卜含有降糖物质，是糖尿病人的良好食品；牛奶的蛋白质与脂肪容易被人体吸收，能够增强免疫力。

预防胃溃疡，提高免疫力

胡萝卜土豆汁

 **营养素** 胡萝卜素、维生素 B_1、维生素 B_2

材料

土豆 100 克	苹果 70 克
胡萝卜 30 克	蜂蜜 适量

做法

1. 土豆去皮，以流水冲洗。切小块，焯水后捞出。

2. 胡萝卜去皮后用流水冲洗干净，再切块。

3. 苹果去皮洗净，切成块状。

4. 将上述食材装进榨汁机里，加入适量蜂蜜。选择"榨汁"功能，搅拌成液态即可倒进杯中享用。

营养小百科

　　胡萝卜中的胡萝卜素，有助于增强机体的免疫功能，在预防上皮细胞癌变的过程中具有重要作用；土豆中含有的抗菌成分，有助于预防胃溃疡。

小贴士

　　土豆最好煮一下再榨汁，生食不容易消化。

白菜

白菜别名大白菜、黄芽菜、黄矮菜。北方人常说：百菜不如白菜。虽此言差矣，却透露着北方人对白菜的钟爱。就像北方杂粮以玉米为主，大白菜确曾是北方菜蔬的风骨与灵秀。

营养分析含量表
（每100克含量）

18.00 千卡	热量
0.10 克	脂肪
2.40 克	碳水化合物
1.50 克	蛋白质
0.76 毫克	维生素 E
31.00 毫克	维生素 C
50.00 毫克	钙
57.50 毫克	钠
31.00 毫克	磷
0.70 毫克	铁

营养价值

冬季空气特别干燥，寒风对人的皮肤伤害极大。白菜中含有丰富的维生素C、维生素E，多吃白菜，可以起到很好的护肤和养颜效果。

选购妙招

1.观外形：选购白菜的时候，要看根部切口是否新鲜水嫩。

2.看颜色：颜色是翠绿色最好，越黄、越白则越老。

3.摸软硬：拿起来捏捏看，感觉里面是不是实心的，里面越实越老，所以要买蓬松一点的。

食材搭配

菠萝		橙子	
苹果		柠檬	

＼白菜存储／

白菜在常温状态下不能储存很久。如果温度在0℃以上，可在白菜叶上套上塑料袋，口不用扎，或者从白菜根部套上去，把上口扎好，根朝下竖着放即可。

迅速止血，增强免疫力

白菜柠檬葡萄汁

⬤ **营养素** 维生素 E、柠檬酸

 + + 🫐

🏷️ 材料

白菜叶 50 克

柠檬 30 克

柠檬皮少许

葡萄 50 克

纯净水适量

🫙 做法

1. 白菜叶洗净，切段；葡萄洗净，去皮去核；柠檬洗净，去皮，取肉，榨汁。

2. 将白菜叶与葡萄、柠檬汁、柠檬皮以及冷开水一同入榨汁机，榨取果汁即可。

🥤 营养小百科

白菜的营养元素能够提高机体免疫力，有预防感冒及消除疲劳的功效；柠檬中的柠檬酸具有凝血功效，能够有效止血。

补充脑力，舒缓疲劳

白菜柳橙汁

扫一扫看视频

🔘 **营养素** 蛋白质、维生素 C

🥣 材料

白菜 40 克

柳橙 250 克

纯净水 100 毫升

🥤 做法

1. 洗净的白菜切块。

2. 柳橙切开，去皮取果肉，切块。

3. 将柳橙块和白菜块倒入榨汁机中。

4. 注入 100 毫升凉开水。

5. 盖上盖，启动榨汁机，榨约 30 秒成蔬果汁。

6. 将蔬果汁倒入杯中即可。

🥤 **营养小百科**

　　白菜中的钾能将盐分排出体外，有利尿作用；橙子是脑力劳动者的福利，它能够补充脑力，维持大脑运转，缓解疲劳。

小贴士

　　白菜可切碎一点，以便快速榨成蔬果汁。

卷心菜

卷心菜又叫包菜、圆白菜、洋白菜、高丽菜、莲花菜、结球甘蓝。它矮且粗壮，不分枝，绿色或灰绿色。起源于地中海沿岸，16世纪传入中国。

营养分析含量表
（每100克含量）

24.00 千卡	热量
0.20 克	脂肪
3.60 克	碳水化合物
1.50 克	蛋白质
0.50 毫克	维生素 E
40.00 毫克	维生素 C
49.00 毫克	钙
124.00 毫克	钾
26.00 毫克	磷
27.20 毫克	钠

🍄 营养价值

卷心菜含有丰富的水分、叶酸、钾、维生素C、维生素E、β-胡萝卜素等成分，其所含的维生素C、维生素E和胡萝卜素等，具有很好的抗氧化作用及抗衰老作用。

🛒 选购妙招

1.观外形： 叶球坚实，但顶部隆起，表示球内开始挑薹。中心柱过高者，食用风味稍差，也不要买。

2.摸软硬： 一般来说，选购卷心菜的时候叶球要坚硬紧实，松软的表示包心不紧，不要买。

👨‍🍳 食材搭配

菠萝		葡萄柚	
芹菜		柠檬	
苹果			

╲卷心菜清洗╱

卷心菜不宜直接用清水清洗，因为菜叶上有很多的化肥农药残留，更好的方法是用盐水清洗。先以流水冲洗卷心菜，再将卷心菜切开，放进盐水中浸泡15分钟，再用流水冲洗即可。

帮助排便，预防胃溃疡

卷心菜牛油果汁

⬤ **营养素** 维生素 U、钾、钙

🍲 材料

卷心菜 50 克	猕猴桃 25 克	洋葱 15 克
橙子 60 克	牛油果 60 克	花生 15 克

🥤 **营养小百科**

　　卷心菜富含维生素 U，维生素 U 对溃疡有很好的治疗作用，能加速愈合，还能预防胃溃疡恶变；牛油果含有钾、钙等矿物质，具有美容润肤、帮助排便等功效。

🍵 做法

1. 卷心菜洗净，切丝；橙子剥皮，用刀切成小块；猕猴桃切掉头尾，以勺子取出果肉。

2. 将牛油果打开，取出果核扔掉，再以勺子取出果肉。

3. 洋葱洗净，切成丝。

4. 将上述食材放进榨汁机中，加入花生，盖上榨汁机盖子，榨取果汁即可。

降低胆固醇，帮助减肥

卷心菜橘子汁

⬤ **营养素**　维生素C、钾

🏺 **材料**

卷心菜 115 克

橘子 90 克

📖 **做法**

1. 卷心菜洗净，切成丝。

2. 橘子剥掉果皮，掰成瓣。

3. 将卷心菜和橘子放入榨汁机里，盖上榨汁机盖，搅拌成液状即可。

🥤 **营养小百科**

　　卷心菜含有的热量和脂肪很低，但是维生素、膳食纤维和微量元素的含量却很高，是一种很好的减肥食物；橘子含有丰富的维生素C等，能够帮助降低胆固醇。

小贴士

　　为了避免苦味，可将橘子的籽去除。

Part 06

女人美容护肤蔬果汁

　　爱美是每个女人的天性，我们都渴望自己拥有水润光滑的皮肤，能衰老得慢些。蔬果汁可以帮助您缓解皮肤问题，延缓衰老哦。一杯蔬果汁，带来的不仅仅是水润的脸蛋，更多的是帮助你找回自信美！

美白亮肤

"一白遮三丑"，肤白才是硬道理。亮白的肌肤能使我们在人群中脱颖而出，而且可以驾驭各种各样的衣服。白皙的皮肤让人联想到的是纯洁、天真，可以给人留下不一样的感觉。

肤色暗黄原因

引起肤色暗黄的原因有许多，如营养跟不上、电脑辐射、睡眠不足等。如果长期熬夜，睡眠时间不够，肝胆便得不到充分的休息，会导致皮肤粗糙暗黄。

「 美白明星食材 」

水果		蔬菜	
柠檬		冬瓜	
樱桃		豌豆	
猕猴桃		土豆	
柚子		白萝卜	
芦荟		胡萝卜	
菠萝		黄瓜	

美白小知识

1. 养成好习惯： 充足的睡眠，愉悦的心情，能使肌肤水水嫩嫩，光滑白皙。

2. 做好防晒： 防晒可以阻止黑色素的形成，能够有效亮白肌肤。

3. 彻底卸妆： 卸妆不彻底，会导致化妆品残留沉淀在皮肤内，造成皮肤暗淡粗糙。

清除自由基，改善肤质

西红柿草莓汁

◯ 营养素 番茄红素、果胶

材料

西红柿 170 克　　　蜂蜜 适量

草莓 100 克　　　　纯净水 100 毫升

做法

1. 洗净的草莓去蒂，对半切开；番茄切成小块。

2. 将西红柿块、草莓块放入榨汁机，倒入纯净水、蜂蜜，榨成汁即可。

营养小百科

　　红色食材富含番茄红素，它是一种超强的抗氧化剂，清除自由基的功效远胜于类胡萝卜素和维生素E，能有效改善肤质。

美白皮肤，降低血脂

橙子西红柿汁

◎ **营养素** 番茄碱、胡萝卜素

🍶 **材料**

西红柿 20 克

胡萝卜 50 克

橙子 100 克

柠檬 7 克

📠 **做法**

1. 西红柿洗净，切掉蒂头，切成薄片。
2. 胡萝卜用清水冲洗干净，去皮，切块。
3. 橙子剥掉果皮，切块。
4. 柠檬洗净，切薄片。
5. 将所有食材放入榨汁机中，选择"榨汁"功能，搅拌成液态即可。

🥤 **营养小百科**

　　西红柿含有维生素C、番茄碱等成分，可以美白皮肤；橙子含有丰富的胡萝卜素，可以软化血管，降低胆固醇与血脂。

滋养皮肤，促进消化

牛油果苹果汁

 营养素 氨基酸、维生素 E

🥑 **营养小百科**

　　苹果含有多种氨基酸、维生素、矿物质等，可以使血色素增加，让皮肤变得细白红嫩；牛油果含有丰富的维生素E和植物油脂，可保湿润泽肌肤，帮助消化。

🏺 **材料**

牛油果 60 克　　　纯净水 100 毫升

苹果 70 克　　　　蜂蜜 适量

🥤 **做法**

1. 打开牛油果，去掉果核，取出果肉。

2. 苹果去皮后，用流水冲洗干净，切块。

3. 将牛油果肉、苹果块放入榨汁机中，再加入适量蜂蜜和纯净水，盖上榨汁机盖，榨取果汁即可。

滋润保湿

晶莹剔透的皮肤，看起来好似富有水分的水果，瞧上一眼便想咬一口。水在生活中具有异常重要的地位，常给皮肤补水也非常重要，可帮助打造吹弹可破的肌肤。

干燥原因

皮肤干燥缺水是由多方面原因造成的，年龄增长、气候原因、不良生活习惯等都会导致皮肤干燥。随着季节的变换，气候也随之变化，会导致皮脂腺和汗腺不能正常分泌，且抵抗力减弱，便会使得皮肤干燥。

「保湿明星食材」

水果		蔬菜	
苹果		西红柿	
柑橘		黄瓜	
猕猴桃		生菜	
柠檬		芹菜	
樱桃		白萝卜	
梨子		西蓝花	

保湿小知识

1. 养成喝水习惯： 喝水能够给身体提供充足的水分，每天8杯水，睡前1杯温热的蜂蜜水，可有效缓解皮肤干燥。

2. 及时补水： 当皮肤干燥时，应及时给它补充水分。可买1个小瓶子，装些纯净水，随身带在身上。

3. 湿毛巾敷脸： 洗脸后用很湿润的毛巾敷一会儿脸，可达到舒缓皮肤的作用。

滋润皮肤，调理肠胃

牛油果草莓汁

 **营养素** 维生素 E、果糖

材料

牛油果 50 克

草莓 25 克

牛奶 100 毫升

做法

1. 打开牛油果，去除果皮与果核，取出果肉。

2. 用流水将草莓洗净，切掉蒂头，再对切成心形。

3. 将所有食材倒入榨汁机中，按下"榨汁"键，榨取果汁即可。

 营养小百科

　　牛油果被称为"森林奶油"，其富含的维生素E等，能够给皮肤补充水分，滋润皮肤；草莓含有氨基酸、果糖、B族维生素等，能够调理肠胃，帮助排便。

控油，促进发育

豆腐葡萄柚汁

 **营养素** 蛋白质、维生素 P

🍲 **材料**

豆腐 50 克　　　　　葡萄柚 300 克

豆浆 50 毫升

🥤 **营养小百科**

　　豆腐含有丰富的蛋白质、大豆卵磷脂等营养元素，不仅有益于大脑的发育成长，还能给皮肤保湿；葡萄柚含有维生素P，可以强化皮肤、帮助毛孔收缩，能有效控制肌肤出油。

🥣 **做法**

1. 豆腐洗净，切块。

2. 葡萄柚剥掉果皮，切块。

3. 将豆腐块、葡萄柚块放入榨汁机里，加入豆浆。选择"榨汁"功能，搅拌成液态即可装杯享用。

补充水分，排出毒素

西红柿柚蜜汁

◎ **营养素** 维生素 A、维生素 C

 +

🥫 材料

沙田柚 半个

西红柿 2 个

蜂蜜 适量

🥤 做法

1. 沙田柚洗净，取肉榨汁。

2. 将西红柿洗净，切块，与沙田柚汁一同入榨汁机内榨汁。

3. 加适量蜂蜜于蔬果汁中，搅拌均匀即可。

 营养小百科

西红柿含水量很高，而且含有蛋白质、维生素A、维生素C，能给皮肤补水，起到美容护肤的作用；沙田柚含有维生素C等，能祛除燥热，帮助毒素排出。

淡化斑纹

斑是女人美丽的天敌，密密麻麻的斑点很是影响整体容貌。光洁细腻，没有斑点的皮肤，能使得整体形象大大提升，重拾自信魅力。

成斑原因

造成皮肤长斑的原因有很多，其中内部原因有：压力过大、激素分泌失调、新陈代谢缓慢、错误使用化妆品等；外部原因有：遗传基因、紫外线的照射以及不良的清洁习惯等。

「淡斑明星食材」

水果		蔬菜	
芦荟		胡萝卜	
阳桃		西红柿	
哈密瓜		土豆	
菠萝		白萝卜	
樱桃		黄瓜	
猕猴桃		冬瓜	

祛斑小知识

1. 学会宣泄压力： 当长期受压力困扰，人体新陈代谢的平衡会被破坏，容易造成长斑现象。

2. 避免服用避孕药： 避孕药里所含的女性雌激素，会刺激黑色素细胞的分泌而形成不均匀的斑点。

3. 对抗顽固紫外线： 紫外线的强烈照射也是让皮肤长斑的重要因素，要随时做好对抗紫外线的准备。

清除自由基，延缓衰老

红提芹菜青柠汁

 **营养素** 花青素、铁

营养小百科

　　红提等深色水果中富含花青素，它是一种强效抗氧化剂，能够保护身体免受自由基的伤害，延缓衰老。

材料

芹菜 40 克　　　　青柠 40 克

红提 100 克　　　纯净水 100 毫升

做法

1. 芹菜切成小段；红提洗净后对半切开；柠檬挤出汁。

2. 将芹菜段、红提块放入榨汁机，倒入纯净水、柠檬汁，榨成汁即可。

滋养肌肤，延缓衰老

西红柿黑醋汁

◎ 营养素 维生素 C、膳食纤维

📋 材料

西红柿 160 克　　盐少许

西芹 80 克　　　黑胡椒少许

黑醋 适量

🫙 做法

1. 西红柿去蒂，连皮一起切成小块；西芹切成小丁。

2. 将西红柿块、芹菜丁放入榨汁机，榨成汁后倒入杯中，加入黑醋，再加入盐、黑胡椒调味即可。

🥤 营养小百科

　　西红柿、西芹中的膳食纤维可以清理肠道，有助于排毒，其含有的抗氧化物质，能让皮肤保持年轻水润的状态，延缓身体老化。

提高防晒能力，补充体能
哈密瓜巧克力汁

营养素 抗氧化剂、维生素 A

材料

哈密瓜 200 克

巧克力 适量

薄荷叶 5 克

柠檬汁 适量

做法

1. 哈密瓜取肉切小块；巧克力切丝；薄荷叶洗净。

2. 将哈密瓜块、柠檬汁入榨汁机榨汁后倒入杯中。

3. 将巧克力丝撒在果汁上，用薄荷叶点缀即可。

营养小百科

哈密瓜富含抗氧化剂，能使人体的抗晒能力增强，从而较少形成黑色素，起到淡化斑纹的作用；巧克力含有维生素A、可可碱、钾等营养成分，具有增强记忆力、补充能量等功效。

防止皮肤老化，缓解疲劳

杧果菠萝葡萄柚汁

◎ 营养素 维生素C、胡萝卜素

 +

🥣 材料

杧果 150 克

菠萝 30 克

葡萄柚 200 克

姜末 少许

📖 做法

1.杧果用十字花刀切取小块果肉；菠萝、葡萄柚去皮，切成小块。

2.将杧果肉、菠萝块、葡萄柚块放入榨汁机，倒入姜末，榨成汁即可。

🥤 营养小百科

　　杧果含有丰富的维生素C等，能降低紫外线对皮肤的伤害，从而防止皮肤老化；菠萝含有胡萝卜素、葡萄糖等营养成分，具有舒缓疲劳、帮助消化等功效。

清除自由基，滋润皮肤

胡萝卜木瓜菠萝饮

◎ **营养素** 胡萝卜素、维生素C、锌

🍱 材料

胡萝卜 100 克　　　菠萝 80 克

木瓜 100 克　　　柠檬汁 适量

🥤 做法

1. 所有材料均去皮洗净，切片。
2. 将胡萝卜片、木瓜片、菠萝片和柠檬汁放入榨汁机中榨成汁即可。

🥤 营养小百科

　　胡萝卜含有维生素C、维生素E、胡萝卜素，可以清除导致人体衰老的自由基；木瓜能均衡、强化青少年和孕妇妊娠期激素的生理代谢，还有润肤养颜的功效。

小贴士

　　如果不喜欢生胡萝卜的味道，可以先用水焯一下，以减轻味道。

延缓衰老，促进发育

西蓝花葡萄柚汁

◉ 营养素 维生素 A、叶酸

☷ 材料

西蓝花 250 克

葡萄柚 300 克

营养小百科

西蓝花含有丰富的维生素A、维生素E等抗氧化剂，能够有效吞噬导致衰老的自由基；柚子含有天然叶酸，能够缓解贫血，并促进生长发育。

▯ 做法

1. 西蓝花用流水冲洗干净，切掉根部，切成小块。最后焯水捞出备用。

2. 葡萄柚剥掉果皮，切块状。

3. 将所有食材装进榨汁机中，盖上榨汁机盖，搅拌成液状即可。

降低血压，紧致肌肤

香芹芦荟汁

◉ 营养素　芦荟素、芹菜素

🎚 材料

香芹 150 克　　　纯净水 50 毫升

芦荟 50 克

🥤 营养小百科

　　芦荟被人们称为"神奇植物"，其所含的芦荟素等物质，能够使得皮肤紧致，并可以改善面部情况，淡化斑纹；芹菜含有芹菜素，能够起到降低血压的作用。

📇 做法

1. 香芹用流水冲洗干净，切成段，再用热水浸泡一会儿，捞出备用。

2. 将芦荟叶子洗净，去刺，切段备用。

3. 将上述食材装进榨汁机里，倒入纯净水，选择"榨汁"功能，搅拌成液态即可倒入杯里享用。

预防粉刺

粉刺肆虐地侵袭着皮肤，冒出各种各样的痘痘，非常影响女性的容貌与形象。脸上光滑无异物，能够让我们整体看起来清爽无比，但粉刺总是给人一种油腻腻的感觉。

长粉刺原因

长粉刺与身体内分泌失调、常食用油腻食物、不正确的保养习惯等密切相关。当内分泌失调，油脂便会过量分泌，若没有对皮肤进行彻底清洁，将堵塞毛孔，让油脂无法排出，便长粉刺。

「 预防粉刺明星食材 」

水果		蔬菜	
柿子		红薯	
香蕉		莴苣	
梨子		卷心菜	
苹果		大白菜	
柠檬		菠菜	
葡萄		空心菜	

预防粉刺小知识

1. 常喝水： 大量水分可带走体内的有毒物质，为皮肤消毒，平衡荷尔蒙。

2. 良好的饮食习惯： 多食用水果蔬菜，饮食以清淡为主。

3. 少接触电脑与手机： 电脑和手机有辐射，长期接触容易长痘痘，影响皮肤健康。

滋润皮肤，补充水分

金橘芦荟小黄瓜汁

营养素 多糖、维生素A

材料

芦荟 50 克　　　　金橘 200 克

黄瓜 130 克　　　　蜂蜜 适量

做法

1. 金橘洗净后对半切开，用刀尖挑去籽；芦荟去皮，切小块；小黄瓜切成小块。

2. 将金橘块、芦荟块、小黄瓜块放入榨汁机，倒入蜂蜜，榨成汁即可。

缓解粉刺，增强食欲

猕猴桃水芹汁

◉ 营养素 维生素 B_1、维生素 C

🍶 材料

猕猴桃 180 克

水芹 100 克

纯净水 50 毫升

🫙 做法

1. 猕猴桃切头尾，用勺子将果肉取出。

2. 水芹洗净，切段，焯水后捞出备用。

3. 将猕猴桃肉、水芹段放进榨汁机里，倒入纯净水。盖上榨汁机盖，搅拌成液态即可。

🥤 营养小百科

　　猕猴桃含有蛋白质、钙、果胶以及多种维生素，能够有效缓解粉刺；水芹的叶、茎含有挥发性物质，有独特的芳香气味，能增强食欲。

防治青春痘，帮助消化

柿子柠檬汁

（○ **营养素**） 维生素C、果胶

 **材料**

柿子 150 克　　　果糖 少许
柠檬 40 克

> 🥤 **营养小百科**
>
> 　　柠檬含有维生素C、柠檬酸、苹果酸等，它是天然的美容食物，具有防止青春痘等功效；柿子含有丰富的果胶等成分，可促进消化。

📖 **做法**

1. 将柿子切除蒂头，去籽，切成小丁；柠檬去皮，切小块。
2. 将上述食料放入搅拌机中，以高速搅打 2 分钟，加入果糖，搅拌均匀即可。

防晒护肤

夏天到了，对于爱美的人来说，这真是一个美好的季节，终于可以穿裙子、戴草帽了。但是，炎炎烈日容易将我们晒黑，所以一定要做好防晒措施。

晒黑原因

刺激黑色素细胞是导致晒黑的重要原因。黑色素细胞可以产生酪氨酸，而酪氨酸能转化成黑色素。炎炎烈日的照射，会促进酪氨酸转化成黑色素。

「防晒明星食材」

水果		蔬菜	
西瓜		西红柿	
柠檬		西蓝花	
橙子		白萝卜	
猕猴桃		冬瓜	
樱桃		丝瓜	
葡萄柚		黄瓜	

防晒小知识

1. 避免阳光暴晒：夏日阳光毒辣，尤其是上午10到下午2点，所以应避免这个时间段出门。

2. 做好防晒工作：出门前除了擦防晒霜，还要打太阳伞，要全面做好防晒措施。

3. 随时涂抹防晒霜：流汗或者纸巾擦拭都会降低防晒霜的防晒效果，随时涂抹可以加强防晒效果。

保护肌肤，增强免疫力

葡萄菠萝杏汁

○ 营养素 黄酮类物质、B 族维生素

 +

 材料

葡萄 300 克　　　　杏 50 克
菠萝 200 克

做法

1. 葡萄洗净，去籽。

2. 菠萝去皮，洗净切块，并以盐水浸泡一会儿。

3. 杏洗净，去核后切块。

4. 将所有食材放进榨汁机里，盖上榨汁机盖，选择"榨汁"功能，搅拌成液状，即可装杯享用。

营养小百科

　　葡萄含有维生素C、维生素B₁、黄酮类物质等，具有防晒作用；菠萝含有维生素A、B族维生素、膳食纤维等，能够滋养肌肤，增强免疫力。

抑制色素形成，促进造血

南瓜橙汁

 营养素　维生素C、钾

 +

 材料

南瓜 50 克

橙子 80 克

营养小百科

　　橙子含有大量的维生素C，能够增强抵抗日光照射的能力，从而抑制色素颗粒形成，有效防晒；南瓜含有维生素C、钾等营养元素，可帮助人体发育，并促进造血。

做法

1. 南瓜去皮与籽，洗净，焯水后捞出备用。

2. 橙子去果皮，切小块。

3. 将所有食材放入榨汁机里，按下"榨汁"键榨汁即可。

降低防晒系数，促进消化

西红柿甜椒果汁

 营养素 番茄红素、胡萝卜素

 材料

西红柿 300 克　　胡萝卜 100 克

甜椒 80 克　　　　柠檬汁 适量

 营养小百科

　　西红柿富含番茄红素，可以降低晒伤的危险系数；胡萝卜含有丰富的胡萝卜素，能够帮助消化，并降低血糖。

做法

1. 西红柿用流水冲洗干净，去蒂头，切成块。

2. 甜椒洗净，去蒂头与籽，切块。

3. 胡萝卜去皮，用清水冲洗干净，切片。

4. 将上述食材装入榨汁机里，加入柠檬汁。选择"榨汁"功能，榨取果汁即可。

● Part 07 ●

常见疾病调理蔬果汁

感冒、便秘等虽然是些小问题，但是不是也经常困扰着你？不感冒还好，一感冒就浑身难受，小病症也是很磨人的。蔬果里蕴含的各种营养素，能够预防这些小病症，减轻小病症对生活的困扰！

预防感冒

感冒虽然是小病症，但是感冒后鼻子不通气、头痛、浑身酸软无力，感觉干什么事情都提不起精神，在一定程度上影响着我们的工作与生活。

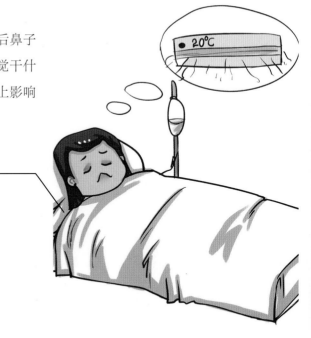

感冒原因

免疫低下是容易感冒的一个重要原因。过度劳累、睡眠不足、心理压力大、运动量少，这些都会导致免疫力下降，精神状态差，生病后恢复较慢。

预防明星食材

水果：马蹄、人参果、苹果、菠萝、柚子、西红柿

蔬菜：玉米、洋葱、西蓝花、菠菜、芦笋、芥蓝

预防小知识

1. 早睡早起：优质的睡眠使身体第二天充满能量，可以帮助提高免疫力。

2. 注意保暖：初冬昼夜温差大，外出最好带件外套。

3. 常喝开水：大量的水可以将毒素排出体外，而且常喝水能防止脱水。

延缓衰老，增强抗病力

清醇山药蓝莓椰汁

营养素 花青素、多糖

材料

山药 100 克 　　　椰汁 200 毫升
蓝莓 10 克

做法

1. 洗净的山药去皮，切成小块。
2. 将山药块、蓝莓放入榨汁机，倒入椰汁，榨成汁即可。

营养小百科

　　山药特有的多糖成分可以增强人体免疫力，搭配蓝莓中的紫色花青素成分，有助于延缓细胞衰老。

提升精神，增强免疫力

三色柿子椒葡萄果汁

营养素 维生素 C、葡萄糖

营养小百科

柿子椒中维生素C的含量远远高于其他蔬果，常食用能增强人体免疫力；葡萄是补血佳品，并可以帮助减轻疲劳感，恢复精神。

材料

红柿子椒 40 克　　黄柿子椒 40 克

葡萄 30 克　　　　纯净水 150 毫升

绿柿子椒 40 克

做法

1. 三色柿子椒去籽，切成小块；葡萄对半切开，用刀尖挑去籽。

2. 将所有食材放入榨汁机，倒入纯净水，榨成汁即可。

增强体力，杀菌排毒

洋葱胡萝卜李子汁

营养素 蛋白质、B 族维生素

材料

洋葱 10 克　　　　李子 30 克

胡萝卜 200 克　　　纯净水 适量

营养小百科

　　洋葱可帮助抗寒，能够抵御流感病毒，有较强的杀菌作用；胡萝卜富含B族维生素，具有增强体质，提高人体抗病能力的作用。

做法

1. 洋葱去皮，洗净，切块；胡萝卜洗净，去皮，切块；李子洗净，去核，取肉。

2. 将上述食物加纯净水榨成汁即可。

改善便秘

便秘不仅是一件令人尴尬的事情，而且还会影响身体健康。身体里的毒素无法正常排出，长久在体内堆积，是引发各种疾病的源头。

便秘原因

便秘主要表现为排便次数减少、粪便干结、排便费力等，导致便秘的原因有很多。日常饮食中，如果饮食过于精细，食物中缺少纤维素和水分，将不能刺激肠胃，肠蠕动慢，会导致便秘。此外拖延排便时间，排便不规律也会导致便秘。

预防明星食材

水果：苹果、核桃、香蕉、草莓、柚子、杞果

蔬菜：芹菜、紫甘蓝、西红柿、韭菜、白萝卜、土豆

预防小知识

1. 少吃油腻食物： 食用油炸等食物后，容易上火，会引起便秘。饮食应以清淡为宜。

2. 切忌压抑排便： 有时候因为一些事情，我们便拖延排便时间，可是长久忍着排便，会抑制生理反应，造成习惯性便秘。

3. 适量运动： 平常加强体育锻炼，能够增强肠道蠕动，从而帮助排便。

促进消化，清肠胃

杧果汁

扫一扫看视频

⬤ 营养素

蛋白质、胡萝卜素

🥄 材料

杧果 125 克　　　纯净水 适量

白糖 少许

📋 做法

1. 洗净的杧果取果肉，切小块。

2. 取备好的榨汁机，倒入切好的杧果。

3. 加入少许白糖，注入适量纯净水，
盖好盖子。

4. 选择"榨汁"功能，榨出杧果汁。

5. 断电后倒出榨好的杧果汁，装入杯
中即成。

🥤 营养小百科

　　杧果富含维生素、蛋
白质、胡萝卜素和微量元素
等，具有帮助肠胃蠕动，防
治便秘、清肠胃的功效。

增进消化，帮助止泻

紫苏梅子汁

◉ **营养素** 梅酸、挥发油

🏺 **材料**

紫苏叶 80 克

梅子 150 克

蜂蜜适量

纯净水适量

🧃 **做法**

1. 梅子取果肉，切成小块。

2. 将梅子肉、紫苏叶放入榨汁机，倒入纯净水、蜂蜜，榨成汁即可。

🥤 **营养小百科**

　　梅子味道略酸，含有梅酸等成分，不仅能帮助止泻，还能软化血管，预防血管硬化；紫苏含有挥发油、精氨酸、葡萄糖苷等，可改善寒性胃痛、呕吐等不适症状。

促进消化，排出毒素

水蜜桃橙汁

◉ 营养素 乳酸菌、B 族维生素

🍶 材料

水蜜桃 150 克

橙子 50 克

酸奶 80 克

🥤 做法

1. 水蜜桃去皮，取果肉切成的块；橙
   子去皮，切成适宜的块。
2. 将水蜜桃块、橙子块放入榨汁机，
   倒入酸奶，榨成汁即可。

🥤 营养小百科

　　水蜜桃中的纤维成分为
水溶性果胶，有助于排毒且
不损伤肠道；酸奶中乳酸菌
可以调节肠道，并促进肠道
蠕动，有帮助消化的作用。

缓解腹泻，止吐

香杧菠萝椰汁

扫一扫看视频

⬤ 营养素 柠檬酸、维生素 A

🏺 材料

杧果 120 克

菠萝肉 170 克

椰汁 350 毫升

🥤 做法

1. 洗净的菠萝肉切开，切成小块。

2. 将杧果切开，去皮，切取果肉，改切成小块，备用。

3. 取榨汁机，选择搅拌刀座组合，倒入杧果肉、菠萝肉。

4. 加入椰汁。

5. 盖上盖，选择"榨汁"功能。

6. 榨取果汁。

7. 断电后倒出果汁，装入杯中即可。

🥤 营养小百科

菠萝含有果糖、葡萄糖、维生素、磷、蛋白酶等营养成分，具有促进消化、止腹泻的作用；杧果碳水化合物含量高，能提供能量。

促进消化，排出毒素

紫甘蓝杧果汁

扫一扫看视频

⚫ 营养素 维生素C、粗纤维

🍲 材料

紫甘蓝 130 克

杧果 110 克

纯净水适量

📋 做法

1. 洗净的紫甘蓝切细丝。

2. 洗净去皮的杧果取果肉，切小块。

3. 取榨汁机，选择搅拌刀座组合，倒入切好的食材。

4. 注入适量纯净水，盖好盖子。

5. 选择"榨汁"功能，榨取蔬果汁。

6. 断电后倒出蔬果汁，装入杯中即成。

🥤 营养小百科

　　紫甘蓝富含维生素C、维生素E、纤维素等营养成分，能促进肠道蠕动、增强免疫力；杧果果汁对防治结肠癌很有效。

缓解贫血

　　头晕无力、脸色蜡黄等都是贫血的表现。贫血会使得我们经常没精神，记忆力下降，无法集中注意力，甚至会晕倒，从而严重影响生活。

贫血原因

　　常见的贫血是营养性贫血，主要是缺钙引起的，它会导致血红蛋白的数量和活性降低，最终使得血红素下降，引发贫血。挑食、月经失血、无法正常吸收铁，都是导致贫血的原因。

预防明星食材

水果：草莓、猕猴桃、石榴、木瓜、火龙果、葡萄

蔬菜：南瓜、胡萝卜、苦瓜、油菜、菠菜、黑木耳

预防小知识

1.**合理饮食：**食物应该多样化，不应偏食挑食，多食用含铁的食物，如：猪血、瘦肉等。

2.**经常锻炼：**常锻炼可以强化骨髓的造血功能，从而预防贫血。

3.**少喝茶：**茶叶会影响身体对铁的吸收；辛辣的食物也应该少食，它不利于预防贫血。

预防贫血，保护肠胃

木瓜红薯汁

 **营养素** 钾、叶酸

🏺 **材料**

木瓜 250 克   牛奶 200 毫升

红薯 200 克   蜂蜜 适量

柠檬 40 克

📖 **做法**

1. 木瓜洗净，去皮，切块；柠檬洗净，去皮、核，切块；红薯洗净，煮熟，去皮压成泥。

2. 将所有食材放入榨汁机，榨成汁即可。

🥤 **营养小百科**

    红薯含钾、β-胡萝卜素、叶酸等，有利于保持血管的弹性，对贫血有一定的食疗作用；木瓜中的酵素会帮助分解食物，减轻肠胃负担，促进消化。

补血养颜，促进消化

火龙果优酪乳汁

营养素 水溶性膳食纤维、维生素 B_{12}

材料

火龙果 200 克

优酪乳 200 毫升

做法

1. 火龙果洗净，去皮，切成均匀的小块，备用。

2. 将火龙果和优酪乳一起倒入搅拌机，打成果汁即可。

营养小百科

　　火龙果含植物性白蛋白、水溶性膳食纤维等；优酪乳含有维生素 B_{12}、维生素 B_6 等，可以改善肠内的菌群比例，促进肠胃蠕动。

促进血液循环，防止贫血

草莓薄荷叶汁

 营养素　铁、薄荷酮

 +

材料

草莓 70 克

蜂蜜 适量

薄荷叶 适量

做法

1. 草莓洗净后，去蒂，放入榨汁机中榨汁。

2. 将果汁倒入杯中，加蜂蜜拌匀。

3. 点缀上薄荷叶即可饮用。

营养小百科

　　草莓含有维生素C、铁等营养元素，可以防止牙龈出血；薄荷叶含有薄荷油、薄荷醇及迷迭香酸等成分，能促进血液循环。

止血，增强免疫力

石榴汁

扫一扫看视频

● 营养素 蛋白质、维生素C

材料

石榴果 150 克　　　纯净水 适量

蜂蜜少许

做法

1. 取榨汁机，选择搅拌刀座组合，倒入备好的石榴肉。

2. 注入适量的纯净水，盖好盖子。

3. 选择"榨汁"功能，榨取果汁。

4. 断电后倒出石榴汁，装入杯中。

5. 加入少许蜂蜜拌匀即成。

🥤 营养小百科

　　石榴含有蛋白质、维生素C、B族维生素、有机酸、糖类、钙、磷、钾等营养成分，不仅能止住腹泻，还能止血；蜂蜜含有维生素C、胆碱等营养成分，能够增强抗疾病能力。

小贴士

　　石榴的水分较多，注入的纯净水不宜太多，以免稀释了果汁的浓度。

防治口腔溃疡

患上口腔溃疡会使我们疼痛难忍，面对好吃的食物也不能享用。它不仅使得我们饮食不方便，还会折磨着我们的身心，损害我们的身体健康。

口腔溃疡原因

免疫系统异常是口腔溃疡的主要病因之一。人体免疫力变弱时，大肠杆菌处在口腔内部的原发病毒会变得异常活跃，最终引发口腔溃疡。此外，睡眠不足、过分焦虑也会引发口腔溃疡。

预防明星食材

水果：梨子、柿子、香蕉、苹果、桃子、西瓜

蔬菜：藕、卷心菜、菠菜、苦瓜、西红柿

预防小知识

1. 经常刷牙：早晚都要刷牙，虽然唾液也能杀死细菌，但能力有限，要养成常刷牙的好习惯。

2. 常换牙刷：一个牙刷用久了，许多细菌会藏在毛刷中，应该3个月更换一次牙刷。

3. 少食易上火食物：食用火锅等易上火食物后，会刺激口腔黏膜，导致它的抵抗力下降，容易被细菌感染。

预防溃疡性疾病，补充钙质

提子香蕉奶

 **营养素** 维生素 A、磷、铁

🍶 **材料**

香蕉 80 克　　　　提子干 少许
牛奶 100 毫升

📖 **做法**

1. 将去皮的香蕉切成块，备用。
2. 取榨汁机，选择搅拌刀座组合，倒入香蕉块，注入适量的牛奶。
3. 盖上榨汁机盖，选择"榨汁"功能，榨取果汁。
4. 断电后揭开榨汁机盖，将榨好的果汁倒入杯子。
5. 加入适量的提子干即可。

🥤 **营养小百科**

　　香蕉含有维生素A，能预防和治疗溃疡性疾病；牛奶含有钙、磷、铁、锌、铜等成分，有益于补充钙质，开发智力。

预防口角炎，减肥强体

黄瓜薄荷饮

扫一扫看视频

营养素 维生素 B_2、丙醇二酸

材料

黄瓜 55 克	白糖少许
雪梨 75 克	纯净水适量
鲜薄荷叶少许	

做法

1. 取 1 碗清水，放入鲜薄荷叶，清洗干净，捞出沥干水分，备用。
2. 将洗净的黄瓜切小块，备用。
3. 将洗好的雪梨取果肉，切丁，备用。
4. 取榨汁机，选择搅拌刀座组合，倒入黄瓜块和雪梨丁。
5. 放入薄荷叶、白糖，注入纯净水，盖上榨汁机盖。
6. 选择"榨汁"功能，榨出汁即可。

营养小百科

　　雪梨含有苹果酸、维生素 B_1、维生素 B_2、胡萝卜素等营养成分，能预防口角炎；黄瓜含有丙醇二酸、维生素E等，可以帮助减肥。

保护口腔，诱发食欲

芹菜胡萝卜柑橘汁

扫一扫看视频

营养素 粗纤维、柠檬酸

材料

芹菜 70 克　　　柑橘 150 克

胡萝卜 100 克　　纯净水 适量

做法

1. 将洗净的芹菜切段，备用；将洗好去皮的胡萝卜切条，改切成粒，备用。

2. 将柑橘去皮，掰成瓣，去掉橘络，备用。

3. 取榨汁机，选择搅拌刀座组合，倒入芹菜段、胡萝卜粒、柑橘肉，加入纯净水。

4. 盖上榨汁机盖，选择"榨汁"功能，榨取蔬果汁。

5. 揭开榨汁机盖，把榨好的蔬果汁倒入杯中即可。

营养小百科

　　芹菜中含有大量粗纤维，能有效清理口腔，防止因口腔不洁引起的溃疡；柑橘含有橙皮苷、柠檬酸、葡萄糖等成分，可促进消化。

降火，止咳

苦瓜汁

扫一扫看视频

◎ **营养素** 维生素C、粗纤维

🏺 材料

苦瓜肉 100 克　　　白糖 10 克

柳橙汁 120 毫升　　纯净水 适量

🥤 做法

1. 将苦瓜肉切小丁块，备用。

2. 在榨汁机内放入苦瓜块，倒入柳橙汁。

3. 倒入少许纯净水，撒上适量白糖，盖好榨汁机盖。

4. 选择"榨汁"功能，榨取蔬果汁。

5. 断电后倒出苦瓜汁，装入杯中即可。

🥤 营养小百科

　　苦瓜含有维生素C、粗纤维、胡萝卜素等，有降火的作用，可以促进口腔溃疡的愈合；橙子营养丰富，其所含的橙皮素有止咳、护胃等功效。

小贴士

　　加入的白糖不宜太多，以免降低了苦瓜的营养。

附录：常见蔬果的营养功效

苹果	缓解便秘、腹泻		雪梨	清火，润肺化痰	
狝猴桃	促进消化，增强免疫力		草莓	消除皮肤暗沉、斑点	
橙子	生津止渴，清理肺中积热		葡萄柚	提神醒脑，排毒，消水肿	
柠檬	美白皮肤，排毒		金橘	保护心血管，化痰，醒酒	
葡萄	促进血液循环，延缓衰老		青提子	降低胆固醇，滋补肝肾	
香蕉	改善抑郁，促进睡眠		杧果	改善食欲，治疗晕车、呕吐	
石榴	促进消化，抗病毒，延缓衰老		樱桃	预防贫血，美白祛斑	
水蜜桃	美肤，清肺，清肠胃		甜瓜	清暑热，保护肝脏	
西瓜	清热解暑，降低血压		哈密瓜	除烦热，改善人体造血机能	
甘蔗	缓解咽喉肿痛，清肺热		牛油果	降低胆固醇，美容，护眼	

木瓜	治疗胃痛、消化不良		丝瓜	消除皮肤皱纹，抗过敏	
椰子	调理脾胃，补虚，解暑		冬瓜	消除水肿，清热，瘦身	
荔枝	强健体质，改善失眠		苦瓜	消暑，消炎，解毒	
枇杷	润肺止咳，增强免疫力		西葫芦	除烦止渴，消除水肿	
火龙果	保护胃黏膜，排毒，润肠		圣女果	保护皮肤，延缓衰老	
阳桃	护肤美容，消除内脏积热		大白菜	净化血液，养胃，除烦	
梅子	生津止渴，促进消化		芹菜	护肝，降血压，清热消肿	
蓝莓	保护视力，延缓衰老		油菜	降低胆固醇，增强免疫力	
百香果	舒缓精神压力，调理肠胃		菠菜	预防贫血，清洁皮肤	
樱桃萝卜	促进肠胃蠕动，生津除燥		菠萝	促进消化，解暑，消炎	
豆芽	美容，排毒，消脂，通便		生菜	清热爽神，护肝，养胃	

卷心菜	保护胃黏膜，加速溃疡愈合		南瓜	保护胃黏膜，降血糖	
秋葵	调理肠胃，增强体质		玉米	抗衰老，保护视力，美容	
荷兰豆	增强免疫力，促进新陈代谢		桑葚	滋补肝肾，乌发	
甜椒	预防感冒，补充多种维生素		红薯	抗癌，通便，抑制黑色素	
番石榴	美容养颜，治疗腹泻		紫薯	促进消化，预防多种疾病	
莴笋	清胃热，排毒，通便		山药	健脾益肾，增强免疫力	
芦笋	抗癌，清热，保护血管		马蹄	清热，解毒，消除食积	
西蓝花	清理血管，帮助肝脏解毒		海带	防治动脉硬化，通便，降压	
土豆	养脾胃，改善消化不良		芦荟	杀菌消炎，解毒，控油健肤	
莲藕	清热凉血，改善食欲不振		香菜	消除食积，治伤风感冒	
洋葱	降低血脂，增强免疫力		西红柿	生津除烦，健胃，消炎	